Claudine Lacasse

Zigzag 5

Cahier d'activités mathématiques de A à Z

5e année

8101, boul. Métropolitain Est, Anjou (Québec) Canada H1J 1J9
Téléphone: (514) 351-6010 Télécopieur: (514) 351-3534

Directrice de l'édition
Diane De Santis

Directrice de production
Lucie Plante-Audy

Chargée de projet
Louise O'Donnell-Jasmin

Réviseure linguistique
Ginette Choinière

Réviseure scientifique
Andrée Sarrasin

Conception et réalisation graphique

Studio de graphisme Recto Verso inc.

Illustrations
Simon Dupuis

Dans cet ouvrage, la féminisation des titres de fonctions et des textes s'appuie sur des règles d'écriture proposées par l'Office de la langue française dans le guide *Au Féminin*, Les publications du Québec, 1991.

8101, boul. Métropolitain Est
Anjou (Québec) H1J 1J9

Dépôt légal : 2e trimestre 1998
Bibliothèque nationale du Québec
Bibliothèque nationale du Canada

ISBN 2-7617-1524-1

Imprimé au Canada
1 2 3 4 5 02 01 00 99 98

Zigzag

Table des matières

Présentation

Les cahiers « Zigzag » ont été conçus pour offrir aux élèves du primaire des activités mathématiques qui leur permettent de consolider des notions. Ces cahiers offrent diverses activités dont les contextes sont liés à des mots classés par ordre alphabétique. Vous avez la possibilité de déterminer l'ordre des activités selon les **besoins** de vos **élèves**, selon les **notions** abordées ou selon votre **gestion de classe**.

Pour vous faciliter cette tâche, vous trouverez dans ce cahier :

- une section intitulée « **Objectifs mathématiques** » dans laquelle sont énumérés les objectifs de 5e année ainsi que les pages et les numéros d'activités correspondant à chacun d'eux;
- des « **pictogrammes** » qui indiquent les habiletés travaillées dans les tâches. Il y en a trois et ils renvoient aux habiletés à COMPRENDRE, à OPÉRER et à RÉSOUDRE. Vous pouvez les repérer facilement. Ils se trouvent sous chaque numéro et sont désignés par les lettres **C**, **O** et **R**.

Les cahiers « Zigzag » contiennent des rubriques intitulées « **LEXI-MATH** ». Ces rubriques se trouvent à la fin de la plupart des sections englobant des mots commençant par la même lettre de l'alphabet. Le « lexi-math » explique quelques termes mathématiques à l'aide de définitions simples et d'exemples. On y trouve l'espace nécessaire pour **noter** ses propres **exemples** ou d'autres **termes** que l'on apprend en classe. De cette façon, les élèves, en plus de consolider des notions, développent des habiletés relatives à la prise de notes.

Les cahiers « Zigzag » comportent des rubriques sur la **CALCULATRICE** qui permettent d'utiliser cet outil en classe tout en favorisant la compréhension de certaines notions mathématiques.

Les cahiers « Zigzag » sont des outils efficaces et pertinents pour soutenir l'enseignement des mathématiques dans votre classe. Ils fourmillent d'activités qui sauront susciter l'intérêt des élèves.

Zigzag

Objectifs mathématiques

	Objectifs	Pages et numéros
1.	**Les nombres naturels – Numération** ▪ Lire, écrire, comparer, ordonner, composer, décomposer et arrondir les nombres inférieurs à 1 000 000.	8 (#1) - 9 - 21 - 22 - 24 (#2, #3) - 36 (#1) - 37 (#5) 41 (#1) - 45 - 71 (#1)
2.	**Les nombres naturels – Régularités** ▪ Rechercher ou observer des « régularités » dans des suites de nombres ou dans des suites d'opérations.	46 (#1) - 68 - 69
3.	**Les nombres naturels – Opérations** ▪ Comprendre le sens des quatre opérations. ▪ Effectuer mentalement ou par écrit des opérations ou des suites d'opérations. ▪ Trouver le terme manquant dans une opération. ▪ Estimer et vérifier le résultat d'une opération.	10 - 11 - 23 (#1) - 29 - 30 - 43 - 51 (#1) - 62 - 63 - 64 (#7) - 80 - 84 - 85
4.	**Les nombres naturels – Résolution** ▪ Résoudre des situations relatives aux nombres naturels.	8 (#2) - 9 (#3C) - 14 - 23 (#2) - 24 (#1) - 36 (#2) - 49 - 50 - 65 (#2) - 71 (#2) - 74 - 90 - 95
5.	**Les nombres naturels – Calculatrice** ▪ Utiliser la calculatrice pour appliquer des concepts et résoudre des situations.	9 - 11 - 19 - 30 - 49 - 64 - 69 - 71 - 93
6.	**Les fractions – Compréhension** ▪ Dégager le sens de la fraction et du nombre à virgule. ▪ Lire, écrire, ordonner et comparer des fractions. ▪ Lire, écrire, ordonner et comparer des nombres à virgule. ▪ Exprimer une fraction (dixièmes ou centièmes) en nombre à virgule, ou en pourcentage, et vice versa.	33 (#1, #2) - 34 (#5) - 37 (#7) - 38 (#1) - 46 (#2) - 54 (#1) - 55 (#3) - 59 (#1)
7.	**Les fractions – Opérations** ▪ Effectuer des additions et des soustractions de nombres à virgule. ▪ Effectuer des additions et des soustractions de fractions ayant un même dénominateur ou dont le dénominateur de l'une est un multiple de l'autre ou des autres. ▪ Effectuer des multiplications d'un nombre entier positif par une fraction.	12 - 39 (#1B, C) - 54 (#2) - 55 (#2) - 64 (#6) - 65 (#1) - 86

Objectifs mathématiques

	Objectif	Pages et numéros
8.	**Les fractions – Résolution** ■ Résoudre des situations relatives aux fractions, aux pourcentages ou aux nombres à virgule.	20-23 (#3)-37 (#4, #5)-39 (#2)-47 (#2)-59 (#2, #3)-61-75 (#2)-81 (#1A)
9.	**La géométrie – Relations spatiales** ■ Réaliser des activités concernant les parcours de réseaux, les dallages, les frises, les grilles et les coordonnées cartésiennes.	17-18-73
10.	**La géométrie – Solides** ■ Nommer, identifier, comparer, décrire et classifier des solides.	44 (#1)-57 (#1)
11.	**La géométrie – Polygones** ■ Nommer, identifier, comparer, tracer et classifier des polygones.	41 (#2)-77 (#4, #6)-89
12.	**La géométrie – Transformations** ■ Effectuer des transformations géométriques (symétrie, translation, rotation) et les décrire.	38 (#2)-51 (#2)
13.	**La géométrie – Résolution** ■ Résoudre des situations relatives à la géométrie.	28 (#1)-76 (#1)
14.	**Les mesures – Longueur et relation** ■ Estimer, mesurer et comparer différentes longueurs en millimètres, en centimètres, en décimètres et en mètres. ■ Établir des relations entre les unités de longueur SI. ■ Utiliser les symboles SI. ■ Calculer le périmètre d'un polygone. ■ Résoudre des situations relatives à ces mesures.	13-19-37 (#4B)-42 (#5)-52-56-75 (#1)-76 (#3)-81 (#1B)-83 (#3)
15.	**Les mesures – Surface** ■ Estimer, mesurer et comparer la surface de figures planes à l'aide de différentes grilles ou de carrés-unités. ■ Utiliser les symboles SI. ■ Calculer l'aire d'un polygone. ■ Résoudre des situations relatives à ces mesures.	36 (#3)-53-57 (#2)-76 (#2)-77 (#5)-83 (#2)

Zigzag

Objectifs mathématiques

	Pages et numéros
16. Les mesures – Volume ■ Estimer, mesurer et comparer le volume d'objets à l'aide de cubes-unités de 1 cm^3 ou de 1 dm^3. ■ Utiliser les symboles SI. ■ Calculer le volume d'un solide. ■ Résoudre des situations relatives à ces mesures.	42 (#3, #4) - 92 - 93
17. Les mesures – Masse et capacité ■ Résoudre des situations relatives aux mesures de masse et de capacité (gramme, kilogramme, litre, millilitre) et utiliser les symboles reliés à ces unités.	33 (#3) - 37 (#6) - 39 (#1A) - 44 (#2) - 58 - 83 (#1)
18. Les mesures – Temps et température ■ Résoudre des situations relatives aux mesures de temps et à l'utilisation du thermomètre.	9 - 23 (#2) - 24 (#1) - 34 (#4) - 47
19. Les mesures – Probabilités et statistiques ■ Résoudre des situations relatives au calcul de la moyenne. ■ Expérimenter certains cas de probabilité connus.	19 - 28 (#2)

Zigzag

Abeilles

L'abeille domestique est un insecte social qui vit dans une ruche. Elle fabrique le miel, la cire, le pollen et la gelée royale. Dans une colonie d'abeilles, il y a une reine, des ouvrières qui travaillent sans arrêt et des faux bourdons.

1 **C** Il existe environ 20 000 espèces d'abeilles.

A. Combien de dizaines d'espèces d'abeilles existe-t-il ?

_____________ **dizaines**

B. Combien de centaines d'espèces d'abeilles existe-t-il ?

_____________ **centaines**

C. Combien de milliers d'espèces d'abeilles existe-t-il ?

_____________ **milliers**

D. Combien de dizaines de milliers d'espèces d'abeilles existe-t-il ?

_____________ **dizaines de milliers**

Construis un tableau de numération pour t'aider à répondre à ces questions.

2 **R** Une ruche d'abeilles domestiques contient une reine, une centaine de faux bourdons et de 400 à 600 centaines d'ouvrières.

Combien d'abeilles domestiques une ruche peut-elle contenir ?

Trouve 3 réponses différentes.

Traces de ta démarche

Réponse : _____________ , _____________ **ou** _____________ **abeilles**

3 C R

Pour fabriquer 5 ml de miel, une abeille doit effectuer environ 50 dizaines de voyages entre l'endroit où elle butine et la ruche.

Pour obtenir cette quantité de miel, elle parcourt un total de 760 km.

Au cours de ces sorties, elle visitera environ 499 centaines de fleurs.

A. Combien de centaines de voyages une abeille doit-elle effectuer pour fabriquer 5 ml de miel?

_____________ **centaines**

B. Combien de fleurs une abeille doit-elle visiter pour fabriquer 5 ml de miel?

_____________ **fleurs**

Construis un tableau de numération pour t'aider à répondre à ces questions.

C. Julia utilise 20 ml de miel pour tartiner ses rôties le matin.

Combien de milliers de voyages a-t-il fallu à une abeille pour fabriquer cette quantité de miel?

Traces de ta démarche

Réponse : _____________ **milliers**

Zigzag

R

- Une reine pond environ 200 dizaines d'œufs chaque jour.
  Si une reine pond pendant 1000 jours, combien d'œufs pondra-t-elle durant cette période ?
  Sur quelles touches as-tu appuyé? Quelle réponse obtiens-tu?

  Réponse : _____________ **œufs**

- Les abeilles battent des ailes environ 250 fois par seconde pour voler.
  C'est pourquoi on entend des bourdonnements lorsqu'elles sont près de nous.
  Combien de centaines de fois les abeilles battent-elles des ailes par minute?
  Sur quelles touches as-tu appuyé? Quelle réponse obtiens-tu?

  Réponse : _____________ **centaines**

Zigzag

Addition

L'addition est une opération mathématique qui permet de trouver la somme de deux ou plusieurs termes. Le terme « additionner » a remplacé le terme « ajouter » vers 1680. On peut effectuer une addition mentalement ou par écrit. Il y a très longtemps, on utilisait des cailloux, des jetons ou un boulier pour effectuer cette opération.

1 Calcule mentalement la somme de chaque addition.

A	380 + 220 =		**B**	225 + 475 =	
C	540 + 136 =		**D**	360 + 360 =	
E	55 + 55 + 55 =		**F**	246 + 164 =	
G	407 + 108 =		**H**	398 + 452 =	
I	127 + 90 + 60 =		**J**	342 + 542 =	

2 Effectue par écrit les additions suivantes. Vérifie tes résultats.

A 5349 + 4867

Résultat :

B 3866 + 937 + 2504

Résultat :

C 8972 + 12 469

Résultat :

D 6056 + 8368

Résultat :

3 Écris les nombres qui manquent dans le tableau suivant.

+	1508	792	
357			3000
1986			
4094			

Calculs

4 Trouve les chiffres qui ont été effacés dans chacune des additions suivantes.

A

B

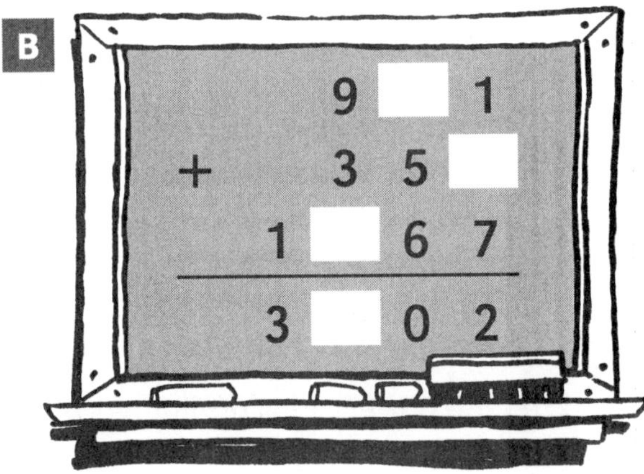

5 Écris 2 additions de trois nombres qui ont une somme de 6043.

- Sur quelles touches d'une calculatrice dois-tu appuyer pour effectuer les additions suivantes sans utiliser les touches 4 et 7 ?

9745 + 7264

745 + 4807 + 964

6 Calcule mentalement la somme de chaque addition.

A $\frac{2}{4} + \frac{1}{4} =$

B $\frac{1}{3} + \frac{1}{3} =$

C $\frac{1}{8} + \frac{1}{8} + \frac{2}{8} =$

D $\frac{2}{6} + \frac{3}{6} =$

7 Effectue les additions ci-dessous. Utilise le tableau de fractions ci-dessous pour t'aider.

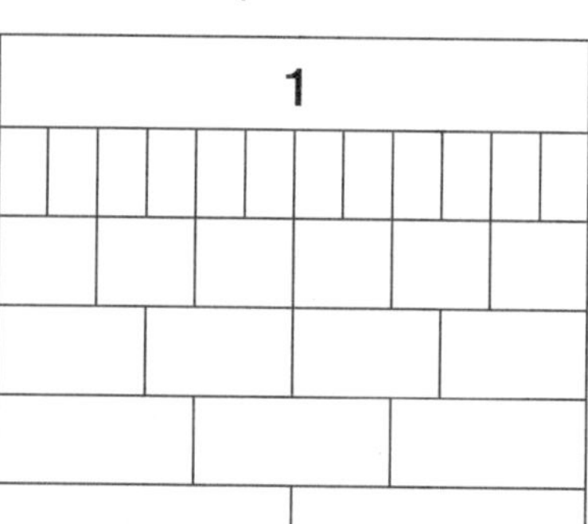

A $\frac{2}{3} + \frac{1}{6}$

Résultat :

B $\frac{1}{2} + \frac{1}{4}$

Résultat :

C $\frac{1}{4} + \frac{4}{12}$

Résultat :

D $\frac{6}{12} + \frac{2}{6}$

Résultat :

8 Effectue par écrit les additions suivantes. Vérifie tes résultats.

A 96,35 + 52,64

Résultat :

B 66,98 + 47,95

Résultat :

C 73,49 + 38,49

Résultat :

D 86,50 + 13,50 + 2,37

Résultat :

Zigzag

Arbres

L'arbre est une grande plante vivace. Les arbres jouent un rôle très important dans la production de l'oxygène, indispensable à la vie. La forêt est l'une des plus importantes ressources naturelles du Québec. Elle couvre environ la moitié du territoire.

1 C

Les séquoias sont des arbres géants qui peuvent atteindre 110 m de hauteur.
Les pins peuvent atteindre 50 m de hauteur.
De combien de décimètres les séquoias peuvent-ils dépasser les pins?

______________________________ **décimètres**

2 R

Certaines espèces de bambous poussent rapidement. Elles peuvent pousser de 50 cm par jour.

A. En combien de jours ces espèces de bambous peuvent-elles atteindre 1 m de hauteur?

B. En combien de jours peuvent-elles atteindre 10 m de hauteur?

Traces de tes démarches

Réponses : A. __________ **jours** **B.** __________ **jours**

3 R

Un arbre permet de fabriquer une pile de journaux d'environ 1 m de hauteur.
Si un journal a une épaisseur de 2 cm, combien de journaux cet arbre permet-il de fabriquer?

Traces de ta démarche

Réponse : __________ **journaux**

4 R

Si une bûche mesure 100 cm de longueur, combien de bûches faudrait-il placer bout à bout pour obtenir une longueur de 1 km?

Traces de ta démarche

Réponse : __________ **bûches**

Zigzag

Autos

L'auto est un véhicule de transport qui se déplace à l'aide d'un moteur. La première auto fonctionnant à l'essence fut mise au point en 1886. Elle avait 3 roues et atteignait la vitesse de 15 km/h. Il lui fallait 16 L d'essence pour parcourir 100 km.

1 R Il y a 168 autos dans un stationnement. Elles sont blanches, rouges ou noires.
Il y a 2 fois plus d'autos rouges que d'autos noires.
Il y a 3 fois plus d'autos blanches que d'autos noires.
Combien d'autos de chacune des couleurs y a-t-il dans ce stationnement?

Traces de ta démarche

Réponse : ______ autos noires, ______ autos rouges et ______ autos blanches

2 R Le tableau ci-dessous indique la vitesse que pouvaient atteindre certaines autos il y a plusieurs années.
Utilise ces données pour compléter les espaces vides dans le tableau ci-dessous.

Traces de ta démarche

Année des autos	km/h	Temps nécessaire en heures pour parcourir 270 km	Temps nécessaire en heures pour parcourir 450 km
1886	**15**		
1986	**90**		

A Lexi-Math

Voici quelques termes mathématiques qui commencent par la lettre A.

- Donne d'autres exemples pour certains termes.
- Note d'autres termes mathématiques qui commencent par cette lettre.

Addition

Opération mathématique qui permet d'**ajouter** une ou plusieurs quantités à une autre ou de **réunir** ensemble deux ou plusieurs quantités.
Le **résultat** d'une addition se nomme la « **somme** ». Le **signe** de l'addition est « + ».

Exemple : 1678 + 2356 = 4034

Autres exemples :

Aire

Mesure d'une **surface** à l'aide d'une unité. L'aire d'une surface est le nombre d'unités de mesure nécessaires pour la recouvrir exactement. Cette mesure comporte un **nombre** et l'**unité** utilisée.

Exemple : L'aire de ce rectangle est de 5 cm^2 ou de 5 carrés-unités.

Autres exemples :

Angle

Ouverture formée par 2 lignes droites. On mesure l'inclinaison d'une de ces lignes par rapport à l'autre à l'aide d'un instrument gradué.

Angle droit

Angle dont la mesure est de **90°**.

Exemple : Dans un carré ou un rectangle, il y a 4 angles droits.

Angle aigu

Angle dont la mesure est **comprise entre 0°** et **90°**.

Exemple : Dans ce losange, il y a 2 angles aigus.

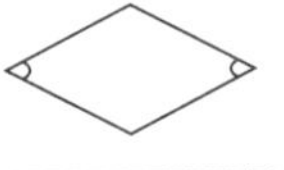

Angle obtus

Angle dont la mesure est **comprise entre 90°** et **180°**.

Exemple : Dans ce trapèze, il y a 2 angles obtus.

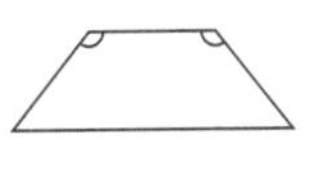

Arète

Endroit où se **rencontrent deux faces** dans un **polyèdre**.

Exemple :

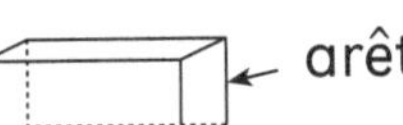

A Lexi-Math

Arrondir

Donner une valeur **approximative** à un nombre.

Exemple : Le nombre 3567 arrondi à la centaine près donne 3600.

Autres exemples :

Associativité

Propriété d'une **addition** ou d'une **multiplication** de plus de 2 nombres qui permet d'**associer** des termes de différentes façons sans modifier le résultat.

Exemple : $18 + 12 + 24 = (18 + 12) + 24$
$= 30 + 24$
$= 54$

Autres exemples :

Axe de symétrie

Droite qui détermine une symétrie entre deux parties ou entre deux figures.

Exemple :

axes

Trace une figure symétrique à celle ci-dessous à l'aide de l'axe de symétrie donné. Utilise une règle.

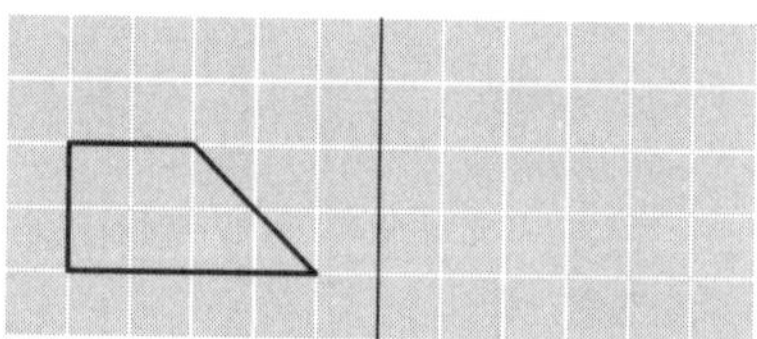

Autres termes

Zigzag

Baleine

La baleine est un mammifère marin de très grande taille qui peut posséder des fanons à la place des dents. Les baleines peuvent rester sous l'eau plusieurs minutes. La chasse à la baleine est interdite depuis 1987.

1 C Les baleines doivent sortir de l'eau pour respirer.
Les points sur le plan ci-dessous indiquent les endroits où une baleine est sortie de l'eau.
Quelles sont les coordonnées de ces points?

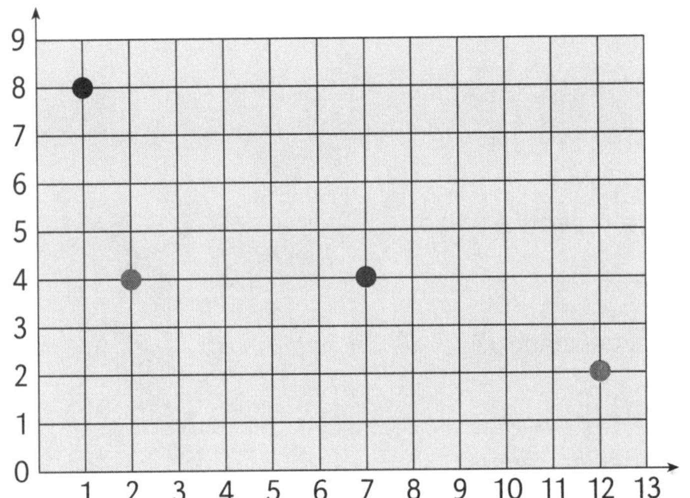

Coordonnées	
●	
●	
●	
●	

2 O Indique, sur le plan ci-dessous, les positions des coordonnées suivantes.
Utilise les couleurs indiquées.

point rouge :	**(5, 8)**
point vert :	**(9, 7)**
point bleu :	**(6, 4)**
point noir :	**(3, 9)**

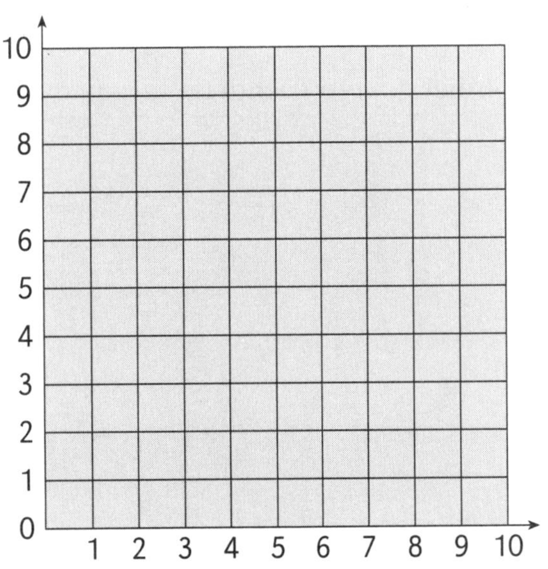

Transpose sur la grille B le trajet d'une baleine, représenté sur la grille A. Utilise une règle.

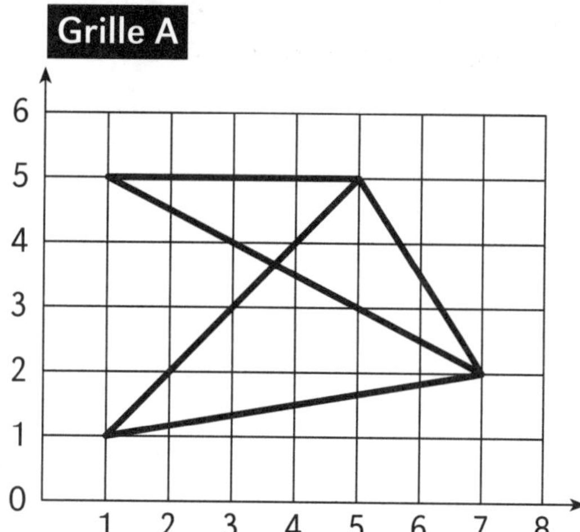

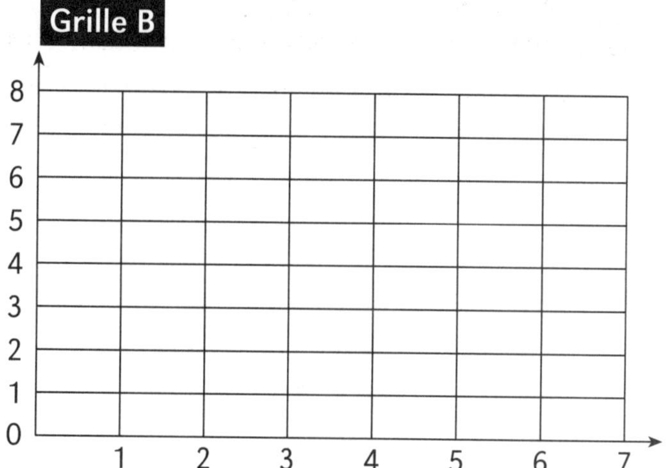

Observe le trajet d'une baleine, illustré ci-contre. Il représente un réseau.

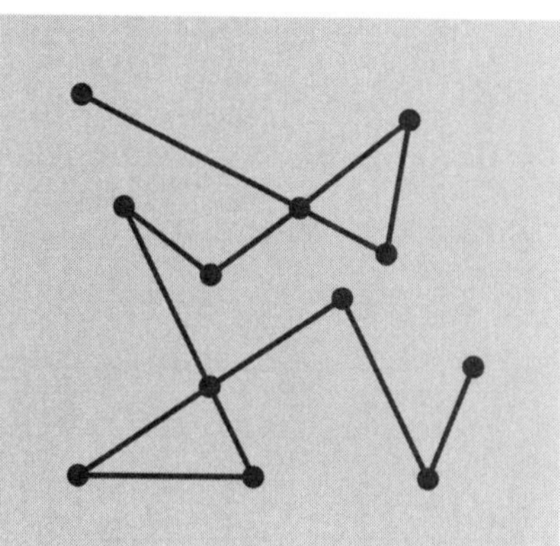

A. Combien de nœuds y a-t-il dans ce réseau ?

_____________ **nœuds**

B. Combien de branches y a-t-il dans ce réseau ?

_____________ **branches**

C. De quelle façon pourrait-on modifier ce réseau de manière qu'il possède seulement une branche de plus ?

____

____

Trace un trajet qui représente un réseau ayant 11 branches et 9 nœuds.

Zigzag

Basket-ball

Le basket-ball est un sport qui oppose 2 équipes de 5 joueurs ou joueuses. Il consiste à lancer un ballon dans le panier suspendu de l'équipe adverse. Le basket-ball est le sport le plus pratiqué dans le monde.

1 C

Les paniers de basket-ball sont placés à 3,05 m du sol.
À combien de centimètres du sol les paniers sont-ils placés?

______________________ **cm**

2 O

Un terrain de basket-ball mesure 26 m de longueur et 14 m de largeur.
Quel est le périmètre, en mètres, d'un terrain de basket-ball?

______________________ **m**

3 R

On obtient 2 points lorsqu'on lance le ballon dans le panier à une distance inférieure à 6,5 m. On obtient 3 points lorsqu'on le lance à une distance supérieure à 6,5 m.

Les lancers qui ont permis à une équipe de marquer des points ont été faits à partir des distances suivantes.

5 m	700 cm	3 m	66 dm

Combien de points cette équipe a-t-elle obtenus?

Réponse : ____________ **points**

Zigzag

- Voici les résultats obtenus par une équipe de basket-ball au cours de 9 parties.

31	42	36	24	55	28	30	51	27

Quelle moyenne de points l'équipe a-t-elle obtenu au cours de ces parties?
Sur quelles touches as-tu appuyé? Quelle réponse obtiens-tu?

Réponse : ____________ **points**

O

Zigzag

Billard

Le billard est un jeu pratiqué à l'aide de 18 boules de couleurs différentes et d'une boule blanche. Cette boule blanche sert à frapper les autres boules de manière à les envoyer dans les 6 trous du billard.

1 R Rebecca et Youri jouent une partie de billard.

Après 20 minutes de jeu, Rebecca a fait entrer les $\frac{3}{6}$ des 18 boules dans les trous.
Youri a fait entrer les $\frac{2}{9}$ des boules.

Combien de boules de couleur reste-t-il sur le tapis?

Traces de ta démarche
Réponse : ________ boules

B Lexi-Math

Voici un terme mathématique qui commence par la lettre B.

- Donne d'autres exemples pour ce terme.
- Note d'autres termes mathématiques qui commencent par cette lettre.

Branche	Partie d'un **réseau**. **Exemple :** Il y a 5 branches dans le réseau ci-dessous.	**Autres exemples :**
Autres termes		

Zigzag

Chiffres

Les chiffres sont des symboles utilisés pour écrire les nombres. Les chiffres ont une valeur qui varie selon la position qu'ils occupent dans un nombre. Il y a très longtemps, certains peuples utilisaient différents dessins ou des lettres de l'alphabet pour écrire les nombres. Les symboles que nous utilisons aujourd'hui nous viennent des Arabes qui se sont inspirés eux-mêmes des chiffres indiens.

1 C

Quel est le plus grand nombre que tu connais?
Écris-le en lettres et en chiffres.

2 C

Écris, en chiffres, les nombres qui viennent immédiatement avant et immédiatement après les nombres suivants.

A		**deux cent cinquante mille**	
B		**trois cent quatre-vingt-neuf mille**	
C		**cent soixante mille trois cent**	
D		**quatre-vingt mille quatre-vingt**	

3 C

Indique la valeur des chiffres blancs dans les nombres suivants.

A	174 563		B	367 451	
C	146 753		D	741 635	

4 C

Compare les paires de nombres suivantes. Écris le signe < ou > entre ces nombres.

A	546 012		546 102	B	308 540		311 210
C	152 208		152 089	D	461 548		461 485

5 C

A. Écris 20 nombres différents compris entre 90 000 et 110 000 en utilisant seulement les chiffres 7, 0, 9 et 1.
Tu dois utiliser tous ces chiffres dans chaque nombre.
Tu peux utiliser un de ces chiffres plus d'une fois.

B. Écris tes 20 nombres en ordre décroissant.

____

____

____

____

____

6 C

Combien de nombres entre 91 000 et 91 500 possèdent seulement un zéro à la position des unités?

Réponse : ____________ **nombres**

7 C

Combien de nombres entre 91 000 et 91 500 possèdent seulement un zéro à la position des centaines?

Réponse : ____________ **nombres**

Zigzag

Chocolat

Le chocolat est un mélange de poudre de cacao et de sucre. On obtient le cacao en broyant les fèves qui se trouvent à l'intérieur des fruits du cacaoyer. Ces fruits sont appelés des cabosses. Le cacaoyer est un arbre qui vient d'Amérique centrale et d'Amérique du Sud. Il y a plus de 500 ans, les Mayas et les Aztèques furent les premiers à utiliser ce fruit pour préparer des boissons chaudes.

1 O

Chaque cabosse de cacaoyer renferme environ 40 fèves.
Combien de fèves donnera un cacaoyer qui possède environ 1000 cabosses?

______________________________ **fèves**

2 R

En 1819, le Suisse François-Louis Cailler fabriqua les premières tablettes de chocolat.
Il avait alors 23 ans.

A. Dans quel siècle François-Louis Cailler était-il né?

B. Dans quel siècle François-Louis Cailler a-t-il fabriqué les premières tablettes de chocolat?

C. Depuis combien d'années les tablettes de chocolat existent-elles?

Traces de tes démarches

Réponses : A. ________ **siècle B.** ________ **siècle C.** ________ **années**

3 R

Il y avait 10 morceaux de chocolat dans une tablette.
Odile a mangé les 0,4 de cette tablette.

A. Combien de morceaux de chocolat Odile a-t-elle mangés?

B. Quelle fraction de la tablette lui reste-t-il?

C. Combien de morceaux de chocolat lui reste-t-il?

D. Si cette tablette de chocolat lui a coûté 0,50 $, combien d'argent chaque morceau vaut-il?

Traces de tes démarches

Réponses : A. ______ **morceaux B.** ______ **C.** ______ **morceaux D.** ______ **$**

Zigzag

Cinéma

Le cinéma, c'est l'art de composer et de réaliser des films. Au début, les films étaient muets et en noir et blanc. Il y avait un pianiste dans la salle de cinéma qui jouait pendant que les scènes étaient projetées sur l'écran.

1 **R** Les frères Louis (1864-1948) et Auguste (1862-1954) Lumière sont les inventeurs du cinéma.
Ils ont présenté leur premier film en public le 28 décembre 1895.

A. Lequel des frères Lumière était le plus jeune?

B. Lequel des frères Lumière a vécu le plus longtemps?

C. Depuis combien d'années le cinéma a-t-il été inventé?

Traces de tes démarches

Réponses : A. ________ **B.** ________ **C.** ________ **années**

2 **C** Trois cinémas peuvent accueillir respectivement 1089, 1545 et 1967 personnes.

A. Arrondis chacun de ces nombres à la centaine près.

________ ________ ________

B. Arrondis chacun de ces nombres au millier ou à l'unité de mille près.

________ ________ ________

3 **C** Environ 2500 personnes sont allées dans un cinéma la fin de semaine dernière.
Ce nombre de personnes a été arrondi à la centaine près.
Combien de personnes ce cinéma peut-il avoir accueillies la fin de semaine dernière?
Trouve 3 réponses différentes.

Réponse : ________ , ________ **ou** ________ **personnes**

C Lexi-Math

Voici quelques termes mathématiques qui commencent par la lettre C.

- Donne d'autres exemples pour certains termes.
- Note d'autres termes mathématiques qui commencent par cette lettre.
- Réponds aux questions posées.

Carré

Quadrilatère qui possède **4 angles droits** et **4 côtés** de **même longueur**.

Exemples : Ces quadrilatères sont des carrés.

Centaine

Un groupe de **100 unités** ou
10 groupes de **10 unités**.

Exemple : Il y a **234** centaines dans le nombre **23 4**83.

Autres exemples :

Centième

Une partie d'un tout partagé en **100 parties équivalentes**.
Cette partie s'écrit symboliquement $\frac{1}{100}$ ou 0,01.

Centimètre

Unité de mesure qui correspond à $\frac{1}{100}$ (0,01) d'un mètre ou à 10 millimètres ou à $\frac{1}{10}$ (0,1) d'un décimètre.

Le **symbole** de cette unité est « **cm** ».

Exemple : La ligne ci-dessous mesure 4 cm.

Autres exemples :

Chiffres

Symboles servant à écrire les nombres. Ces symboles sont **0**, **1**, **2**, **3**, **4**, **5**, **6**, **7**, **8** et **9**. Les chiffres ont une valeur qui varie selon la position qu'ils occupent dans un nombre.

Exemple : Dans le nombre 5655, le chiffre 5 qui occupe la position des unités a une valeur de 5, celui qui occupe la position des dizaines a une valeur de 50 et celui qui occupe la position des unités de mille ou milliers a une valeur de 5000.

Autres exemples :

C Lexi-Math

Commutativité

Propriété qui permet de **changer** de **place** les **termes** d'une **addition** ou d'une **multiplication** sans modifier le résultat.

Exemples : $243 + 569 = 569 + 243 = 812$
$12 \times 11 = 11 \times 12 = 132$

Autres exemples :

Coordonnées (cartésiennes)

Couple de nombres qui permet de **situer un point** dans un **plan cartésien**.

Exemple :

Les coordonnées du point ci-contre sont (7, 4).

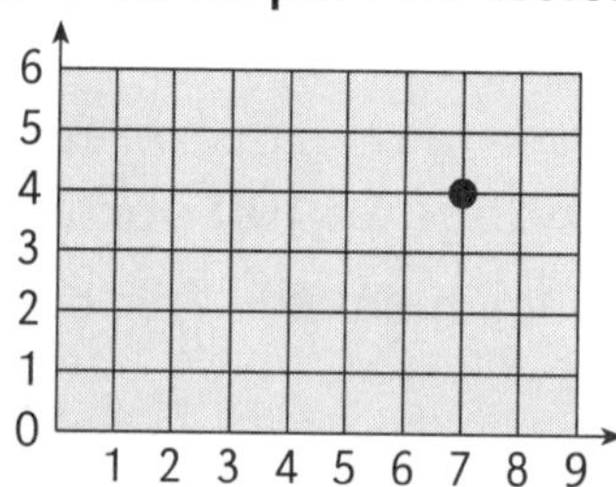

Autres exemples :

Corps rond

Catégorie de **solides** qui comportent au moins une **surface courbe**.

Exemples :

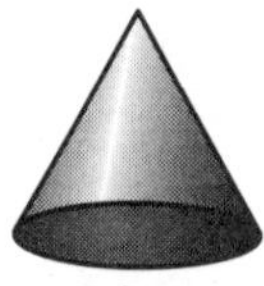

Cône

Cylindre

Sphère

Cube

Solide formé de **6 faces carrées identiques**. Le cube est un **polyèdre** et un **hexaèdre**.

Exemple :

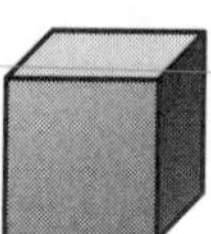

Combien de faces un cube possède-t-il ? ______

Combien de sommets un cube possède-t-il ? ______

Combien d'arêtes un cube possède-t-il ? ______

Quel est l'arrangement de figures planes qui permet de construire un cube ?

Lexi-Math

Autres termes

Dés

Un dé est un petit cube dont chacune des faces possède de un à six points. On utilise les dés pour différents jeux. Les dés existent depuis très longtemps.

R

La somme des faces opposées d'un dé est 7.

Trace les points aux endroits qui conviennent sur le développement du cube ci-contre.

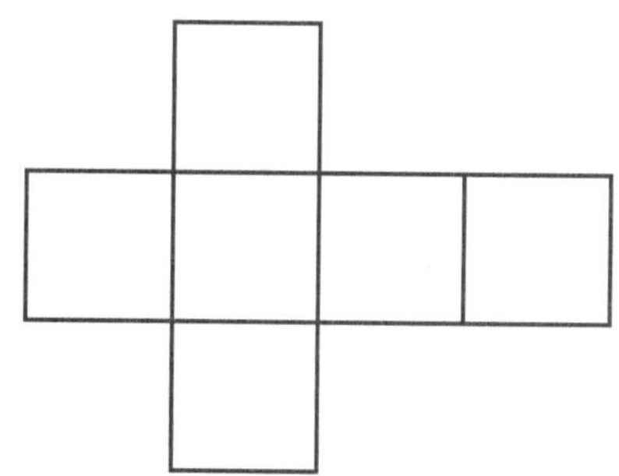

O

Combien de chances as-tu d'obtenir 4 lorsque tu jettes un dé?

_____ **chance(s) sur** _____

Jette un dé à plusieurs reprises.
Utilise le tableau ci-contre pour inscrire les résultats obtenus.
Fais chaque fois une prédiction avant de jeter le dé.

Quelles conclusions peux-tu tirer de cette expérience?

____

____

____

____

____

____

____

____

____

____

____

____

	Prédiction	Résultat
1°		
2°		
3°		
4°		
5°		
6°		
7°		
8°		
9°		
10°		
11°		
12°		

Zigzag

Division

La division est une opération mathématique. Elle est l'opération inverse de la multiplication. Une division ayant 0 comme diviseur est impossible, puisque 0 × 5 = 0.

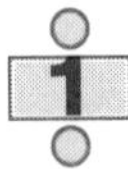

1 Calcule mentalement le quotient de chaque division.

A 63 ÷ 7 = ____

B 72 ÷ 9 = ____

C 42 ÷ 6 = ____

D 56 ÷ 8 = ____

E 48 ÷ 8 = ____

F 49 ÷ 7 = ____

G 54 ÷ 9 = ____

H 32 ÷ 4 = ____

2 Effectue par écrit les divisions suivantes. Vérifie tes résultats.

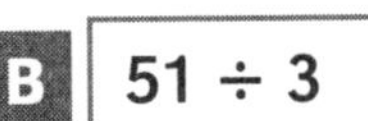

A 72 ÷ 4

Résultat :

B 51 ÷ 3

Résultat :

C 90 ÷ 6

Résultat :

D 96 ÷ 8

Résultat :

E 92 ÷ 2

Résultat :

F 91 ÷ 7

Résultat :

3 Effectue par écrit les divisions suivantes. Vérifie tes résultats.

A 84 ÷ 12

Résultat :

B 78 ÷ 26

Résultat :

C 90 ÷ 18

Résultat :

D 384 ÷ 32

Résultat :

E 517 ÷ 47

Résultat :

F 609 ÷ 29

Résultat :

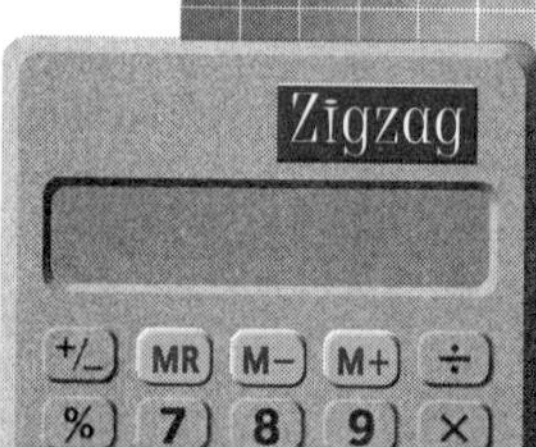

- Appuie sur les touches 5 1 2 − 6 4.

  Combien de fois dois-tu appuyer sur la touche = pour obtenir 0 sur l'écran d'affichage?

  ____________ fois

- Effectue l'opération 512 ÷ 64.

  Quel résultat obtiens-tu? Quelles observations peux-tu noter?

- Effectue l'opération 720 ÷ 48 en utilisant les signes − et =.

  Sur quelles touches as-tu appuyé? Quel résultat obtiens-tu?

D Lexi-Math

Voici quelques termes mathématiques qui commencent par la lettre D.
- Donne d'autres exemples pour certains termes.
- Note d'autres termes mathématiques qui commencent par cette lettre.

Décimètre

Unité de mesure qui correspond à $\frac{1}{10}$ (0,1) d'un mètre ou à **10 centimètres** ou à **100 millimètres**.

Le **symbole** de cette unité est « **dm** ».

Exemple : La ligne ci-dessous mesure 1 dm de longueur.

Dénominateur

Terme écrit **sous** la barre de fraction. Il indique en combien de parties équivalentes le tout est partagé.

Exemple : $\frac{1}{4}$ ← dénominateur

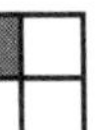

Diagramme

Schéma qui sert à décrire, à classer ou à comparer des éléments selon des propriétés, ou à représenter une relation ou des données.

Il y a plusieurs sortes de diagrammes, par exemple le diagramme **de Venn**, **de Carroll**, **en arbre**, **à bandes**, **sagittal**, etc.

Exemples :

Division

Opération mathématique qui permet de trouver **combien de fois** un nombre (diviseur) est contenu dans un autre (dividende) ou à partager une quantité en parties égales.

Le résultat d'une division se nomme le « **quotient** ». Le **signe** de la division est « ÷ ».

Exemple : 495 ÷ 45 = 11

(495 : dividende ; 45 : diviseur ; 11 : quotient)

Autres exemples :

D Lexi-Math

Dixième

Une partie d'un tout partagé en **10 parties équivalentes**.
Cette partie s'écrit symboliquement $\frac{1}{10}$ ou 0,1.

Dizaine

Un groupe de **10 unités**.
Exemple : Il y a **234** dizaines dans le nombre **234**8.

Autres exemples :

Autres termes

Zigzag

Eau

L'eau est une substance très répandue sur la Terre et indispensable à la vie. L'eau peut prendre 3 formes : liquide (eau), solide (glace) ou gazeuse (vapeur). Les mers et les océans contiennent de l'eau salée tandis que les ruisseaux, les rivières et les fleuves contiennent de l'eau douce. L'eau est aussi une source d'énergie.

Le corps humain contient environ 70 % d'eau.
Coche les affirmations qui sont vraies parmi celles ci-dessous.

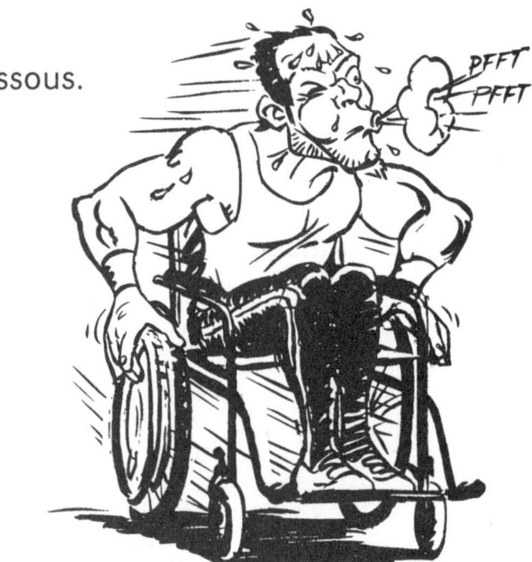

- ❑ Le corps humain contient environ 0,07 d'eau.
- ❑ Le corps humain contient environ $\frac{70}{100}$ d'eau.
- ❑ Le corps humain contient environ 0,7 d'eau.
- ❑ Le corps humain contient environ $\frac{7}{100}$ d'eau.
- ❑ Le corps humain contient environ 0,70 d'eau.
- ❑ Le corps humain contient environ $\frac{7}{10}$ d'eau.

2

L'océan Pacifique contient $\frac{1}{2}$ de la quantité totale d'eau sur la Terre.
Quel pourcentage d'eau l'océan Pacifique contient-il ? ____________________

Une vache doit boire environ 4 litres d'eau pour fabriquer 1 litre de lait.
Combien de verres d'eau de 250 ml une vache devrait-elle boire pour fabriquer 1 litre de lait ?

Traces de ta démarche

Réponse : ____________ **verres**

Anders Celsius fit construire en 1742 un thermomètre à mercure. Il fixa le 0 ° au point de congélation de l'eau et le 100 ° à son point d'ébullition. Il partagea l'intervalle entre les deux en 100 parties égales.

On se sert de ces unités pour mesurer la température. La température d'une journée d'hiver peut être de – 5 °C et celle de l'eau que tu utilises pour te laver, de 35 °C.

Quelle est la différence, en degrés, entre ces deux températures ?

Traces de ta démarche
Réponse : ______ °C

Les icebergs sont des blocs de glace qui flottent à la surface de la mer. La portion hors de l'eau représente environ $\frac{1}{5}$ de la hauteur totale de l'iceberg, l'autre portion étant sous l'eau.

Les dimensions ci-dessous indiquent la hauteur de la partie qui est hors de l'eau de 4 icebergs. Trouve la hauteur totale de chaque iceberg.

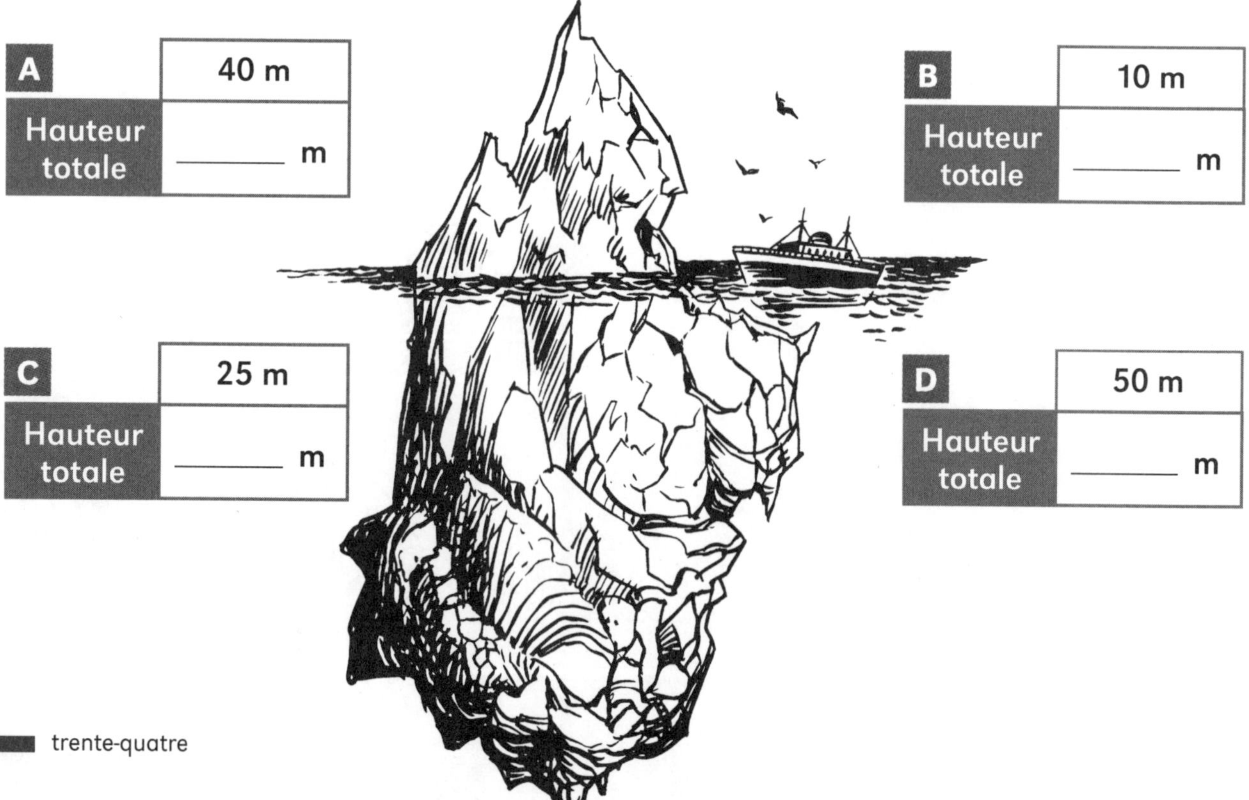

A	40 m
Hauteur totale	______ m

B	10 m
Hauteur totale	______ m

C	25 m
Hauteur totale	______ m

D	50 m
Hauteur totale	______ m

E Lexi-Math

Voici quelques termes mathématiques qui commencent par la lettre E.
- Donne d'autres exemples pour ces termes.
- Note d'autres termes mathématiques qui commencent par cette lettre.

Égal(e)

Qui est de même quantité, de même dimension ou de même nature.
On symbolise cette relation entre deux objets mathématiques par le signe « = ».

Exemples : $50 + 35 = 85$

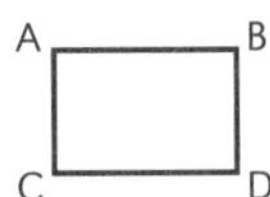

$\overline{AB} = \overline{CD}$

Autres exemples :

Équation

Expression mathématique qui contient le signe « = » et un ou des éléments qui peuvent être représentés par « **?** », « », etc.

Exemples : $7 \times ? = 63$
$\quad + 60 = 100$

Autres exemples :

Équilatéral

Propriété d'un **polygone** qui possède des **côtés** de **même longueur**.

Exemple : Ce polygone est un triangle équilatéral.

Autres exemples :

Exposant

Nombre placé en **haut** et à **droite** d'un autre nombre pour exprimer sa **puissance**.

Exemple : $3^2 = 3 \times 3$

Autres exemples :

Autres termes

Zigzag

Félins

Les félins sont des mammifères carnivores. Ils appartiennent à une famille qui comprend 39 espèces allant du tigre au chat domestique. Les félins sont apparus sur la Terre il y a plusieurs millions d'années. Les anciens Égyptiens considéraient les chats comme des animaux sacrés. Après leur mort, ils les momifiaient et les plaçaient dans des sarcophages en forme de chat.

1 C

On a découvert 300 000 chats momifiés dans une ancienne tombe égyptienne.

Si on ajoute 50 centaines de chats à cette quantité, quel nombre obtient-on ?

_____________ **chats**

Calculs

2 R

Le lynx du Canada se repose le jour et chasse la nuit. Il parcourt environ 19 km chaque nuit. Le couguar quant à lui, parcourt environ 40 km par jour.

Au bout de 30 jours, combien de kilomètres le couguar aura-t-il parcourus de plus que le lynx du Canada ?

Traces de ta démarche

Réponse : _____________ **km**

3 O

Le territoire du lynx du Canada varie de 11 km^2 à 50 km^2.

Si un ☐ du quadrillage ci-dessous représente une aire de 1 km^2, trace une figure qui a une aire de 35 km^2.

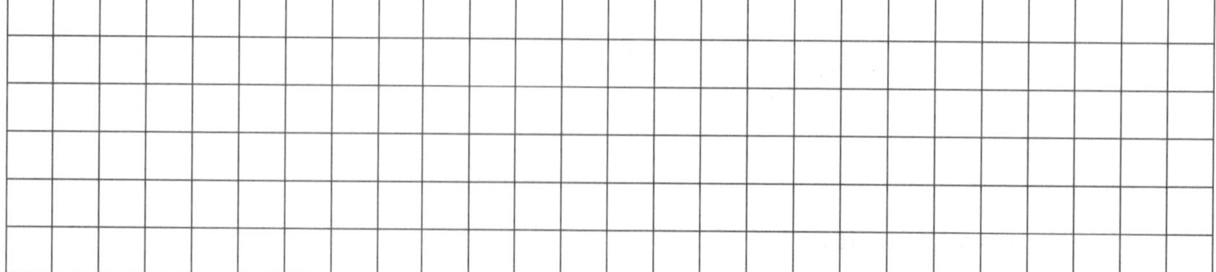

4 R

Le tigre de Sibérie est le plus grand des félins. Un mâle mesure environ 3,15 m de long, de la tête au bout de la queue, et pèse entre 180 et 260 kg. Un lion mâle mesure environ 2,70 m et pèse 220 kg.

A. Combien de mètres un lion mâle mesure-t-il de moins qu'un tigre mâle?

B. Combien de centimètres un lion mâle mesure-t-il de moins qu'un tigre mâle?

Traces de tes démarches

Réponses : A. ____________ **m** **B.** ____________ **cm**

5 C

Le tigre est un animal menacé.
En 1900, on dénombrait environ 100 000 tigres.
En 1995, il n'en restait plus que 6500 environ.

Combien de centaines de tigres ont disparu entre ces deux années?

____________ **centaines**

Construis un tableau de numération pour t'aider à répondre à cette question.

6 R

Un chat adulte mange environ 40 g de nourriture à chacun de ses repas.
Au bout de combien de repas aura-t-il mangé 1 kg de nourriture?

Traces de ta démarche

Réponse : ____________ **repas**

7 C

Une nourriture pour chat contient 30 % de protéines, 19 % de matières grasses et 3 % de fibres.

Écris chacun de ces pourcentages sous la forme d'une fraction et d'un nombre à virgule.

	30 %	19 %	3 %
Fraction			
Nombre à virgule			

Fleurs

Les fleurs sont une partie d'une plante qui est rattachée à la tige. Il existe plusieurs variétés et espèces de fleurs. Elles se différencient par leurs formes, leurs couleurs et leurs parfums. Les fleurs sont utilisées dans la fabrication de différents produits.

1 C Des fractions sont inscrites au centre des fleurs ci-dessous.
Colorie la fraction des pétales de chaque fleur tel qu'indiqué.

2 O Fais effectuer au pétale illustré ci-dessous 3 rotations de $\frac{1}{4}$ de tour chacune vers la gauche.
Utilise le point noir comme centre de rotation.
Trace la figure obtenue à chacune des rotations.
Utilise une règle.

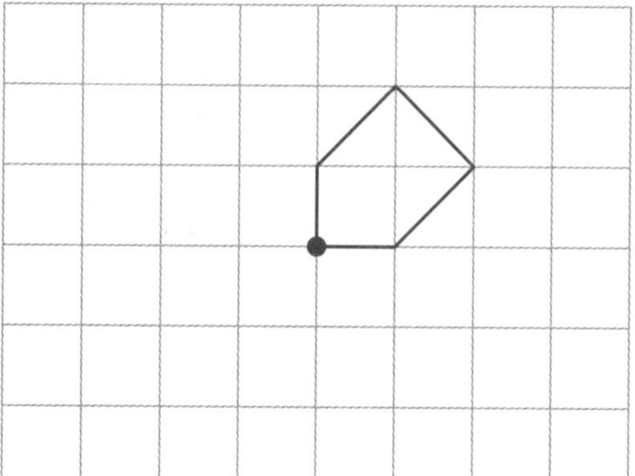

Zigzag

Fruits

Les fruits sont la partie d'une plante qui contient une ou plusieurs graines et qui provient d'une fleur. Un concombre est un fruit même si on l'appelle souvent un légume. Il existe des fruits comestibles et des fruits non comestibles. Les fruits comestibles contiennent des sucres, des vitamines et des sels minéraux qui sont importants pour maintenir une bonne santé.

Le tableau ci-dessous indique des records de masse obtenus par certains fruits.

Fruit	Masse
Citron	4,80 kg
Pomme	1,43 kg
Fraise	230 g
Ananas	10 kg

Calculs

A. Combien de grammes l'ananas pèse-t-il de plus que la fraise?

_____________ g

B. Combien de kilogrammes le citron pèse-t-il de plus que la pomme?

_____________ kg

C. Combien de kilogrammes le citron et la pomme pèsent-ils ensemble?

_____________ kg

R

Il y a 18 fruits dans un plat. Ce sont des pommes, des oranges et des kiwis.
Le $\frac{1}{3}$ de ces fruits sont des pommes. Il y a 2 fois moins d'oranges que de pommes.
Quelle fraction des fruits les kiwis représentent-ils?

Traces de ta démarche

Réponse :

Lexi-Math

Voici quelques termes mathématiques qui commencent par la lettre F.

- Donne d'autres exemples pour ces termes.
- Note d'autres termes mathématiques qui commencent par cette lettre.

Facteur

Nombre qui figure dans une **multiplication**.

Exemple : 8 × 4 = 32

(8 et 4 : facteurs ; 32 : produit)

Autres exemples :

Frise

Bande continue sur laquelle il y a des **motifs** qui se répètent en suivant une **régularité**.

Exemple :

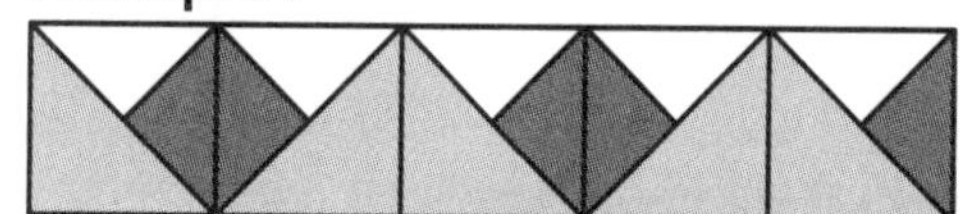

Autres exemples :

Autres termes

Zigzag Grottes

Les grottes sont des cavités souterraines qui furent les premières habitations de l'homme. On peut retrouver des chauves-souris dans les grottes ou d'autres animaux. Les chauves-souris sont des mammifères volants dont la plupart se nourrissent d'insectes. On peut observer aussi dans les grottes des formations rocheuses que l'on nomme « stalactites » et « stalagmites ».

C

Les chauves-souris peuvent distinguer les sons jusqu'à 100 000 cycles par seconde.
L'oreille humaine peut distinguer les sons jusqu'à 20 000 cycles par seconde.

Combien de dizaines de milliers de cycles par seconde captons-nous de moins que les chauves-souris?

_____________ **dizaines de milliers**

Construis un tableau de numération pour t'aider à répondre à cette question.

C

On peut découvrir des dessins sur les murs de certaines grottes.
Observe les polygones ci-dessous tracés sur les murs d'une grotte.
Indique leurs noms et décris-les en utilisant des termes géométriques.

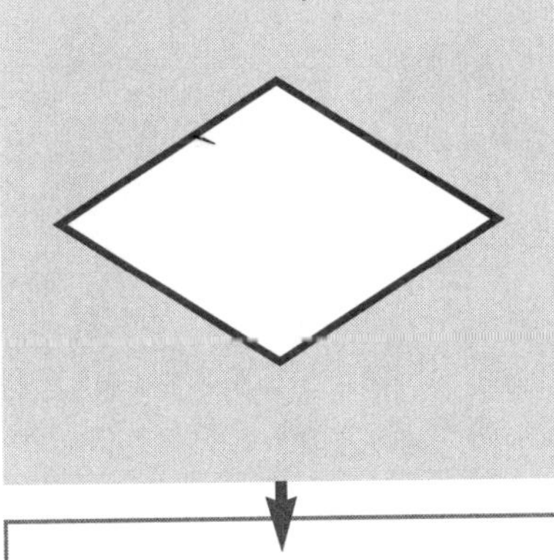

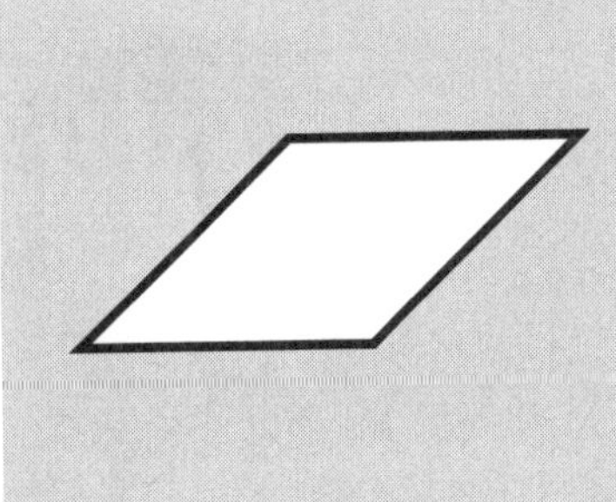

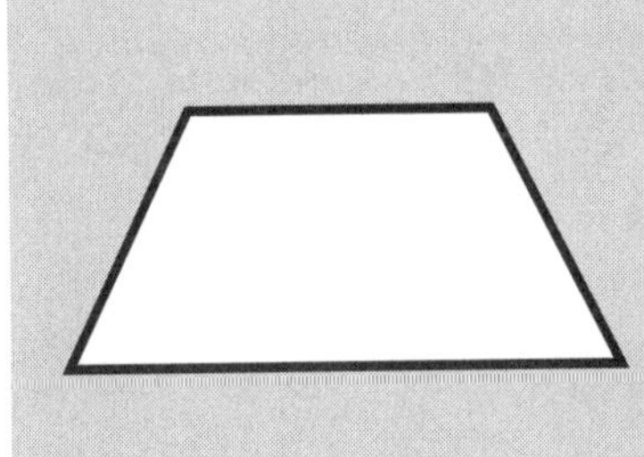

3 O

On a utilisé des cubes de 1 cm^3 pour représenter des stalactites et des stalagmites. Quel est le volume de chacune de ces représentations ?

A

B

Volume de A : ___________

Volume de B : ___________

4 O

Si chaque cube ci-dessus représentait 1 m^3 dans la réalité, quelle serait la hauteur, en mètres, de la stalactite et de la stalagmite représentées au numéro 3 ?

A. ___________ **mètres**

B. ___________ **mètres**

5 R

La petite chauve-souris brune peut avoir une longueur totale de 77 mm à 97 mm. Quelle est la différence, en centimètres, entre la plus petite et la plus grande de ces chauves-souris ?

Traces de ta démarche

Réponse : ___________ **cm**

6 Les chauves-souris argentées nichent en petits groupes de 3 ou 4 individus.
Combien de groupes de 3 et de 4 chauves-souris peut-on former avec un ensemble de 516 chauves-souris argentées?

Calculs

Réponse : ______ **groupes de 3** ______ **groupes de 4**

G Lexi-Math

Voici un terme mathématique qui commence par la lettre G.
- Donne d'autres exemples pour ce terme.
- Note d'autres termes mathématiques qui commencent par cette lettre.

Gramme

Unité de mesure qui correspond à $\frac{1}{1000}$ d'un kilogramme.
Le **symbole** de cette unité est « **g** ».
Exemple : Il y a 1000 g dans un kg.

Autres exemples :

Autres termes

Hamburger

Un hamburger est un sandwich composé de bœuf haché et d'un petit pain rond. Les hamburgers sont très populaires auprès des jeunes. Ils font partie des habitudes alimentaires des Nord-Américains.

1 C

Observe le solide illustré ci-contre. Il ressemble à l'emballage dans lequel on sert les hamburgers dans certains restaurants.

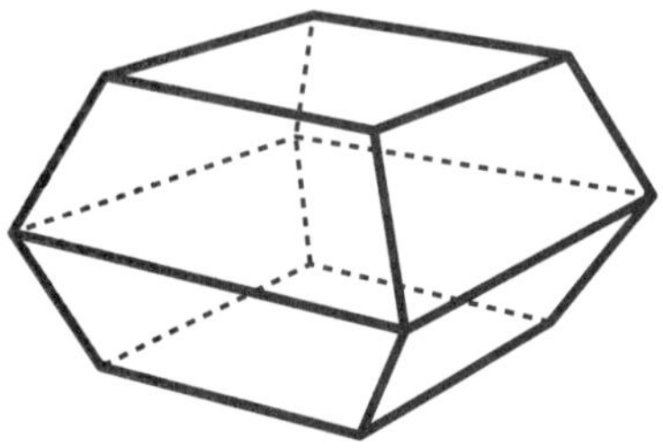

A. Combien de faces ce solide possède-t-il?

_____________ **faces**

B. Combien de sommets ce solide possède-t-il?

_____________ **sommets**

C. Combien d'arêtes ce solide possède-t-il?

_____________ **arêtes**

D. De quels polygones a-t-on besoin pour construire un solide semblable à cet emballage? Décris-les en utilisant des termes géométriques.

____

____

____

____

____

2 R

Si on utilise 200 g de bœuf haché pour faire un hamburger, combien de hamburgers peut-on faire avec 2 kg de bœuf haché?

Traces de ta démarche

Réponse : _____________ **hamburgers**

Zigzag

Hiéroglyphes

Les hiéroglyphes sont des signes et des dessins que les anciens Égyptiens utilisaient pour écrire. On a retrouvé des hiéroglyphes sur les murs des pyramides et des temples. Ce sont les scribes qui traçaient ces signes et ces dessins sur les murs ou sur du papyrus.

1 Les anciens Égyptiens écrivaient le nombre 34 512 comme ceci :

Décompose ce nombre sous la forme d'une addition.
Écris 3 décompositions différentes.

A.

B.

C.

2 Ajoute  au nombre représenté au numéro 1.

A. Quel nombre obtiens-tu? __________

B. Arrondis ce nombre à la dizaine près. __________

C. Arrondis ce nombre à la centaine près. __________

D. Arrondis ce nombre au millier près. __________

E. Ajoute 13 dizaines à ce nombre.
Quel nombre obtiens-tu? __________

Zigzag Hockey

Le hockey sur glace est un sport d'équipe originaire du Canada. Il oppose 2 équipes de 6 joueurs chacune. On utilise un bâton de hockey et une rondelle pour ce jeu.

1 Le tableau ci-dessous indique le nombre de buts comptés par 4 joueurs au cours de 6 parties de hockey.

Observe la régularité dans chacune de ces suites de nombres.

Si cette régularité se poursuit, combien de buts chaque joueur comptera-t-il au cours des 3 prochaines parties?

Écris tes réponses dans les cases vides du tableau.

Écris la règle vis-à-vis chaque suite.

Prénoms	Buts comptés à chacune des parties									Règle
Julien	2	4	3	5	4	6				
Paulo	4	3	5	4	6	5				
Tommy	0	3	1	4	2	5				
Yves	1	5	2	6	3	7				

2 Une partie de hockey comporte 3 périodes de 20 minutes chacune.

Chaque carré du quadrillage ci-contre représente une minute de jeu.

Au cours d'une partie, Julien a joué les $\frac{2}{3}$ du temps et Paulo le $\frac{1}{6}$ du temps.

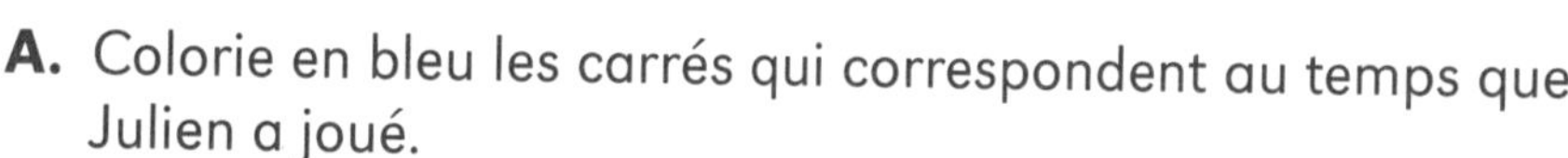

A. Colorie en bleu les carrés qui correspondent au temps que Julien a joué.

B. Colorie en rouge les carrés qui correspondent au temps que Paulo a joué.

C. Lequel de ces deux joueurs a joué le moins longtemps?

____

D. De combien de minutes de moins?

____________________ **minutes**

Zigzag

Horloge

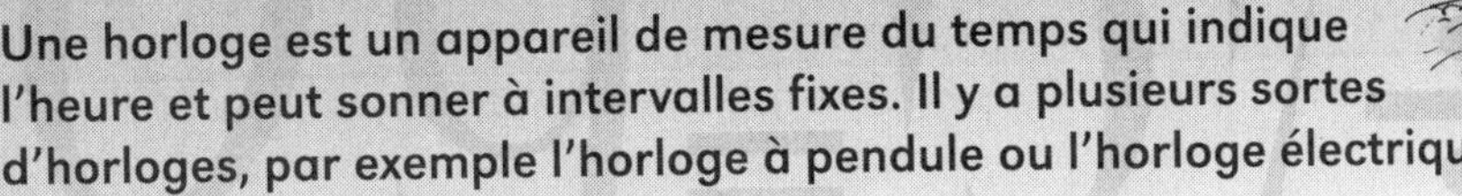

Une horloge est un appareil de mesure du temps qui indique l'heure et peut sonner à intervalles fixes. Il y a plusieurs sortes d'horloges, par exemple l'horloge à pendule ou l'horloge électrique.

1 R

Les premières horloges n'étaient pas précises.
Elles pouvaient retarder de 2 heures par jour.
De combien de minutes ces horloges pouvaient-elles retarder par semaine?

Traces de ta démarche

Réponse : ______________ minutes

2 R

Avant l'invention des horloges, on utilisait d'autres instruments pour mesurer le temps.
Ces instruments pouvaient être le sablier ou la bougie graduée.
Si tu devais utiliser un sablier d'une durée de 3 minutes pour mesurer $\frac{1}{4}$ d'heure, combien de fois devrais-tu le retourner?

Traces de ta démarche

Réponse : ______________ fois

3 R

Les fuseaux horaires ont été imaginés pour établir le temps international.
Lorsqu'il est 16 heures à Québec, il est 14 heures à Calgary, 21 heures à Paris et 13 heures à Vancouver.
Quelle heure est-il à Calgary, Paris et Vancouver lorsqu'il est 21 heures à Québec?

Traces de ta démarche

Réponse : ______________ à Calgary, ______________ à Paris, ______________ à Vancouver

H Lexi-Math

Voici quelques termes mathématiques qui commencent par la lettre H.

- Donne d'autres exemples pour ces termes.
- Note d'autres termes mathématiques qui commencent par cette lettre.

Heptagone

Polygone qui possède **7 côtés.**

Exemple :
Le polygone ci-contre est un heptagone.

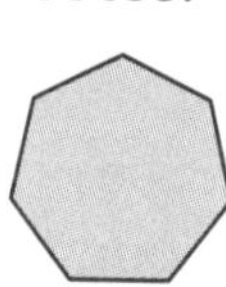

Autres exemples :

Hexaèdre

Polyèdre qui possède **6 faces.**

Exemple :
Le polyèdre ci-contre est un hexaèdre.

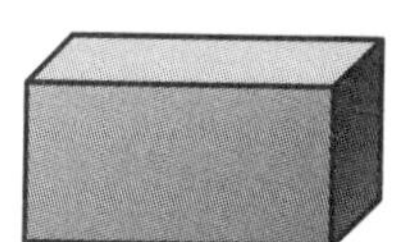

Autres exemples :

Hexagone

Polygone qui possède **6 côtés.**

Exemple :
Le polygone ci-contre est un hexagone.

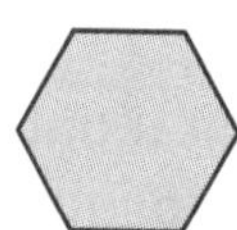

Autres exemples :

Autres termes

Zigzag

Insectes

Les insectes sont des petits animaux dont le corps est divisé en 3 parties : la tête, le thorax et l'abdomen. L'étude des insectes se nomme « entomologie ». À l'heure actuelle, on a identifié plus d'un million d'espèces différentes d'insectes.

R

Les monarques sont des papillons que l'on peut observer au Québec.
Au mois d'août, ils quittent le Québec pour aller au Mexique.
Ils parcourent environ 3000 km en 60 jours pour réaliser ce voyage.
Combien de kilomètres parcourent-ils en moyenne chaque jour durant ce voyage ?

Traces de ta démarche

Réponse : ____________ km

R

- Le tableau ci-dessous indique la vitesse maximale en vol et le nombre de battements d'ailes à la seconde de certains insectes du Québec.

Insecte	Nombre de battements d'ailes à la seconde	Vitesse maximale en vol
Moustique	**300**	**2 km/h**
Libellule	**40**	**30 km/h**

- Trouve le nombre total de battements d'ailes effectués et le nombre maximum de kilomètres parcourus par chacun d'eux au cours d'un vol de 30 minutes. Sur quelles touches as-tu appuyé ?

- Quelles réponses obtiens-tu ?

Tous les insectes possèdent 3 paires de pattes.
Combien de pattes, au total, pourrait-on compter si on observait 25 fourmis, 13 libellules et 19 coccinelles ?

Traces de ta démarche

Réponse : ____________ **pattes**

Lexi-Math

Voici quelques termes mathématiques qui commencent par la lettre I.
- Donne d'autres exemples pour ces termes.
- Note d'autres termes mathématiques qui commencent par cette lettre.

Impair	Se dit d'un nombre entier qui **n'est pas divisible par 2**, qui a **1 de plus** qu'un **nombre pair** ou qui possède le chiffre **1**, **3**, **5**, **7** ou **9** à la position des **unités**. **Exemple :** Le nombre 4567 est un nombre impair.	**Autres exemples :**
Isocèle	Propriété d'un **polygone** qui possède **2 côtés de même longueur**. **Exemple :** Le polygone ci-contre est un triangle isocèle. 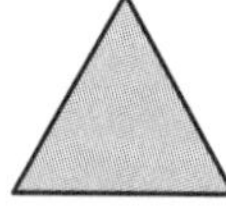	**Autres exemples :**
Autres termes		

Zigzag

Jeux

Les jeux sont des activités de divertissement ou de loisir qui comportent des règles. On peut classer les jeux de la façon suivante : jeux intellectuels, jeux d'adresse, jeux de hasard, jeux de stratégies ou jeux d'habileté.

1 Observe les cibles ci-dessous.

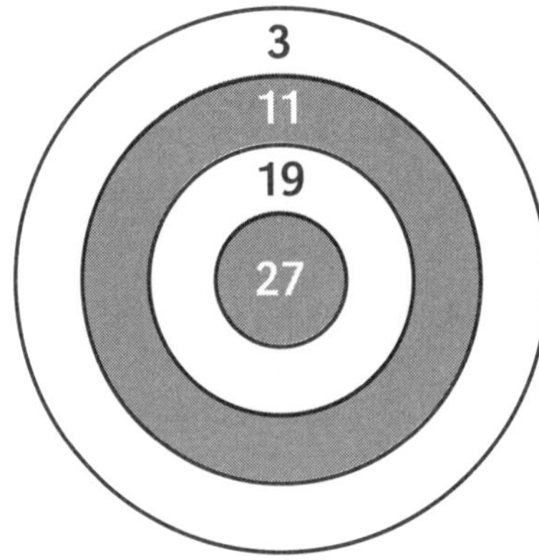

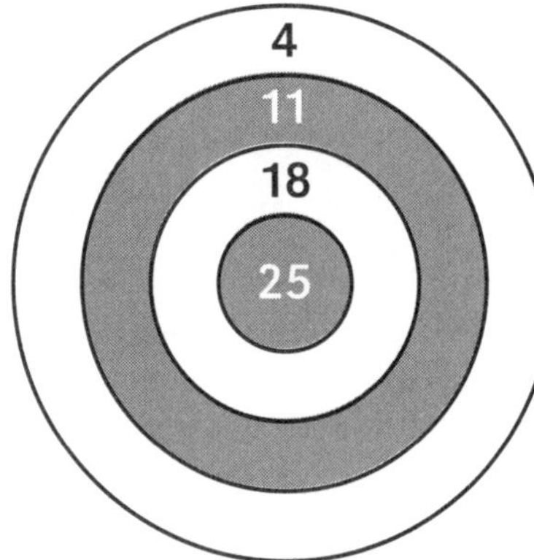

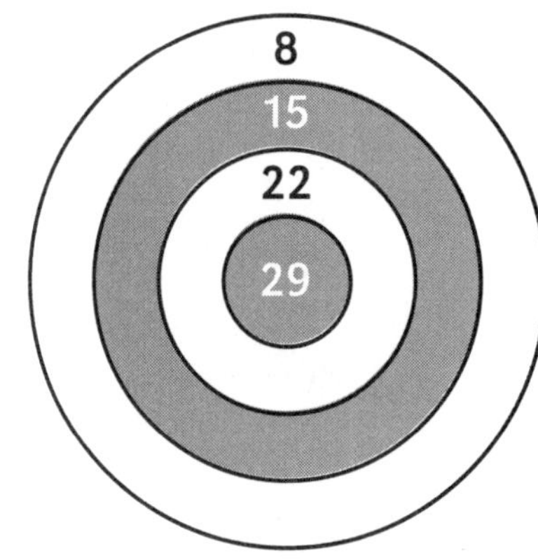

A. Laquelle de ces cibles permet d'obtenir 38 points à l'aide de 3 fléchettes?

Encercle cette cible en bleu.

Trace un X dans les régions que les fléchettes doivent atteindre.

B. Laquelle de ces cibles permet d'obtenir 47 points à l'aide de 3 fléchettes?

Encercle cette cible en vert.

Trace un X dans les régions que les fléchettes doivent atteindre.

Calculs

2 Fais effectuer au pion illustré ci-contre les déplacements suivants :

une translation de 3 cases vers la droite, suivie d'une autre translation de 4 cases vers le haut.

Trace un X dans la case où se retrouvera le pion après ces déplacements.

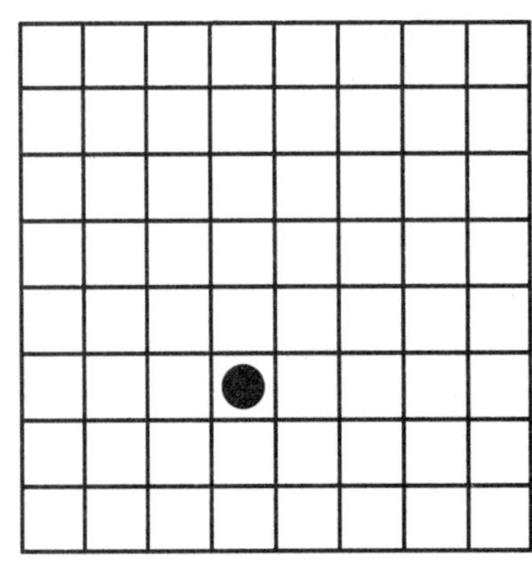

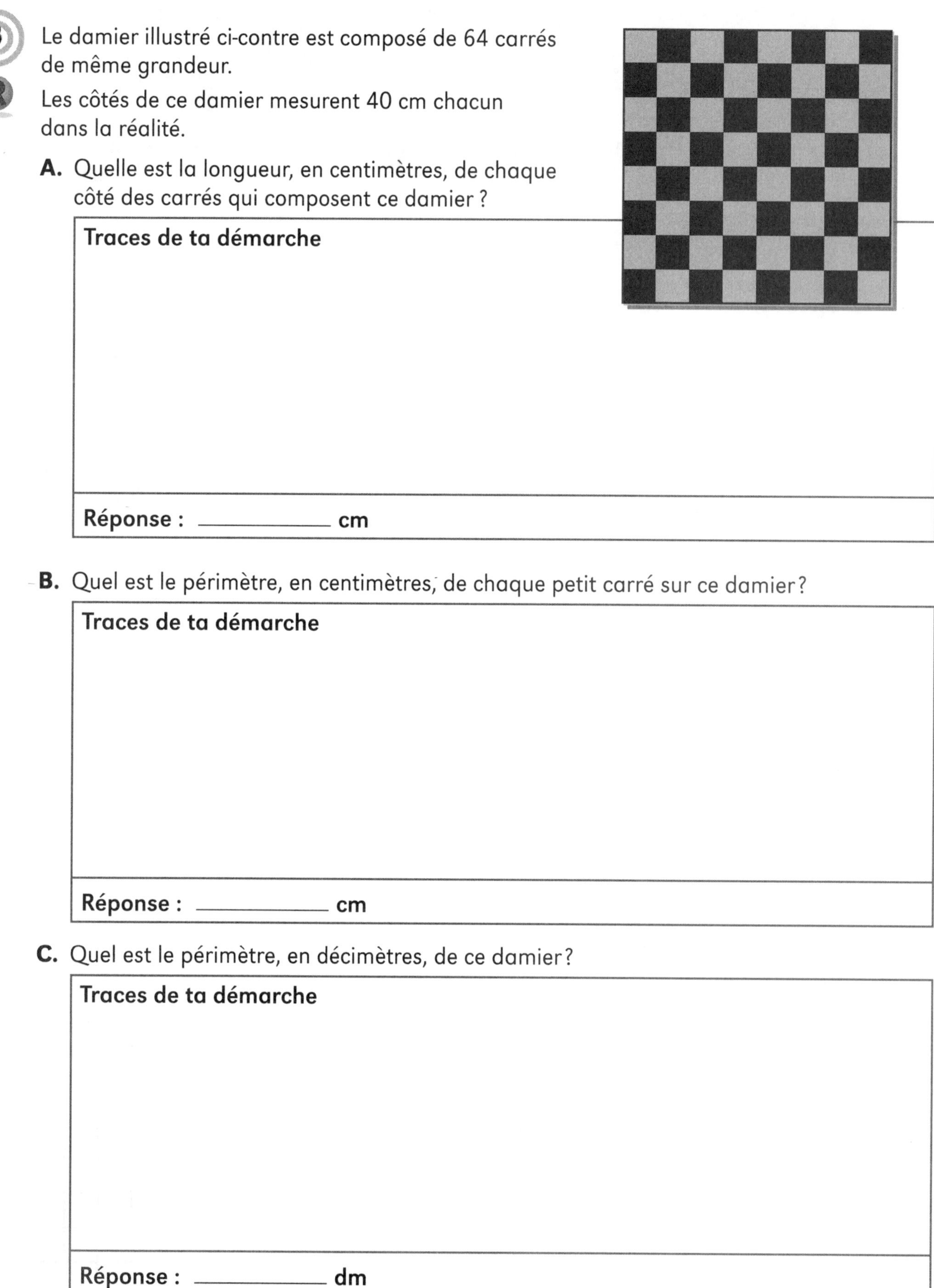

3 **R** Le damier illustré ci-contre est composé de 64 carrés de même grandeur.

Les côtés de ce damier mesurent 40 cm chacun dans la réalité.

A. Quelle est la longueur, en centimètres, de chaque côté des carrés qui composent ce damier ?

Traces de ta démarche

Réponse : ______________ **cm**

B. Quel est le périmètre, en centimètres, de chaque petit carré sur ce damier ?

Traces de ta démarche

Réponse : ______________ **cm**

C. Quel est le périmètre, en décimètres, de ce damier ?

Traces de ta démarche

Réponse : ______________ **dm**

D. Quelle est l'aire, en carrés-unités, de ce damier?

Traces de ta démarche
Réponse : ____________ **carrés-unités**

E. Quelle est l'aire, en centimètres carrés, de chaque petit carré sur ce damier?

Traces de ta démarche
Réponse : ____________ **cm^2**

F. Quelle est l'aire, en centimètres carrés, de ce damier?

Traces de ta démarche
Réponse : ____________ **cm^2**

Kangourou

Le kangourou est un mammifère d'Australie et de Nouvelle-Guinée qui se déplace par bonds. La femelle kangourou transporte son petit dans une poche ventrale. Les kangourous sont végétariens. Ils mangent des plantes, des herbes ou des écorces d'arbres.

1 C

Les kangourous rouges sont les plus grands des kangourous.
Voici les longueurs, de la tête au bout de la queue, et les masses de 4 kangourous rouges.

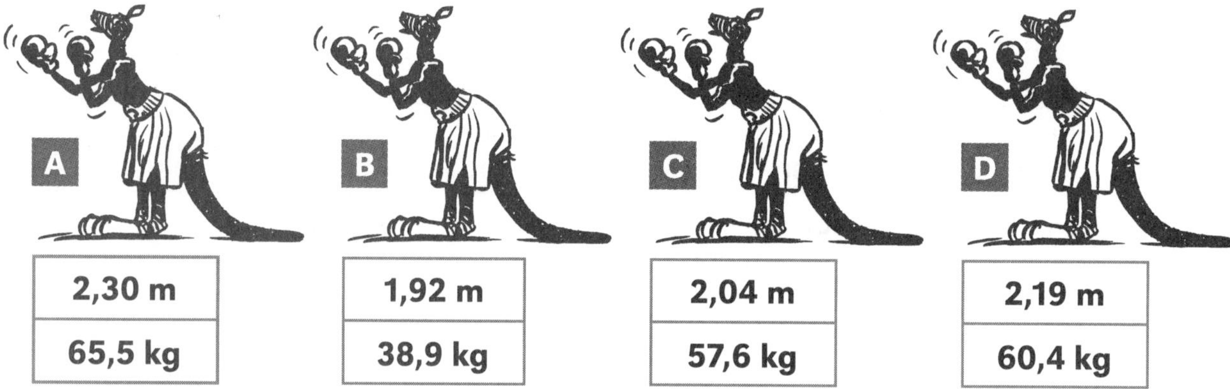

A	B	C	D
2,30 m	1,92 m	2,04 m	2,19 m
65,5 kg	38,9 kg	57,6 kg	60,4 kg

A. Écris en ordre croissant les longueurs de ces kangourous.
Utilise la lettre qui correspond à chacun.

____

B. Écris en ordre décroissant les masses de ces kangourous.
Utilise la lettre qui correspond à chacun.

____

2 O

Effectue des soustractions pour trouver la différence entre les longueurs et les masses de ces 4 kangourous.

Longueurs

2,30 − 1,92	2,30 − 2,04	2,30 − 2,19
Résultat :	**Résultat :**	**Résultat :**

Longueurs (suite)

2,04 − 1,92	2,19 − 2,04	2,19 − 1,92
Résultat :	Résultat :	Résultat :

Masses

65,5 − 57,6	65,5 − 60,4	65,5 − 38,9
Résultat :	Résultat :	Résultat :

60,4 − 57,6	57,6 − 38,9	60,4 − 38,9
Résultat :	Résultat :	Résultat :

3 À partir des masses indiquées au numéro 1, trace les flèches dans le diagramme ci-contre.

C Les lettres représentent les 4 kangourous.

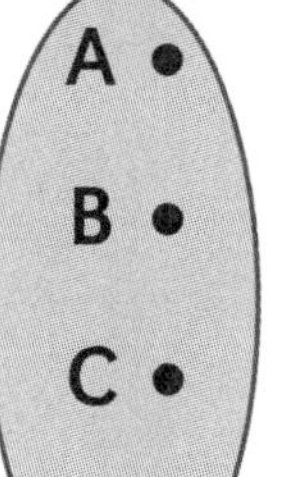

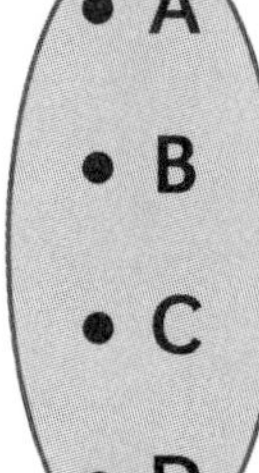

4 Lorsqu'il est en danger, le kangourou rouge peut faire des bonds de 3 m de hauteur. Une puce peut faire des sauts de 20 cm de hauteur.

R De combien de décimètres le saut du kangourou rouge peut-il dépasser celui de la puce?

Traces de ta démarche
Réponse : ______ **dm**

Lexi-Math

Voici quelques termes mathématiques qui commencent par la lettre K.

- Donne d'autres exemples pour ces termes.
- Note d'autres termes mathématiques qui commencent par cette lettre.

Kilogramme	**Unité de mesure** qui correspond à 1000 grammes et dont le **symbole** est « **kg** ». **Exemple :** Un kangourou peut peser 60 kg.	**Autres exemples :**
Kilomètre	**Unité de mesure** qui correspond à 1000 mètres et dont le **symbole** est « **km** ». **Exemple :** Un kangourou peut parcourir 80 km en une heure.	**Autres exemples :**
Autres termes		

Zigzag

Lait

Le lait est un liquide blanc qui est secrété par des glandes chez les mammifères. La vache donne du lait qui sert à produire d'autres aliments comme le beurre, la crème, le fromage, le yogourt, etc. Le lait est indispensable à la croissance des os.

C

Le solide illustré ci-contre ressemble à un contenant d'un litre de lait. Sa base est un carré. Colorie la région du diagramme ci-dessous dans laquelle on peut classer ce solide.

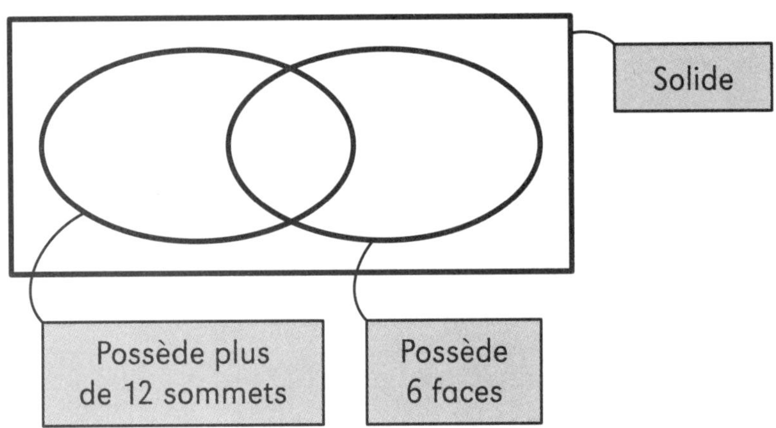

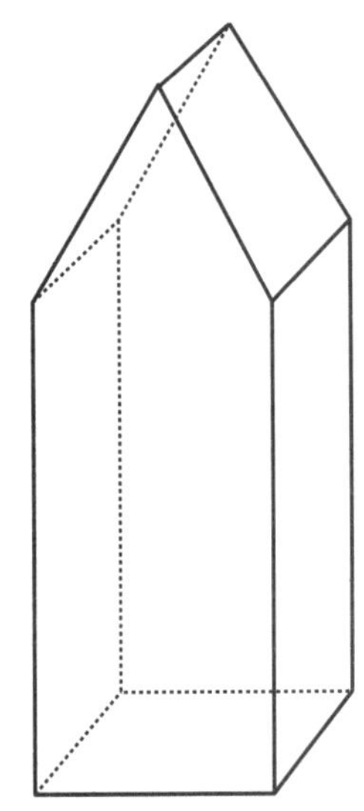

R

Il faut une longueur de 28 cm de ruban adhésif pour faire le tour, dans la réalité, du solide illustré au numéro 1.

Quelle est l'aire du carré qui forme sa base?

Traces de ta démarche

Réponse : ____________ cm²

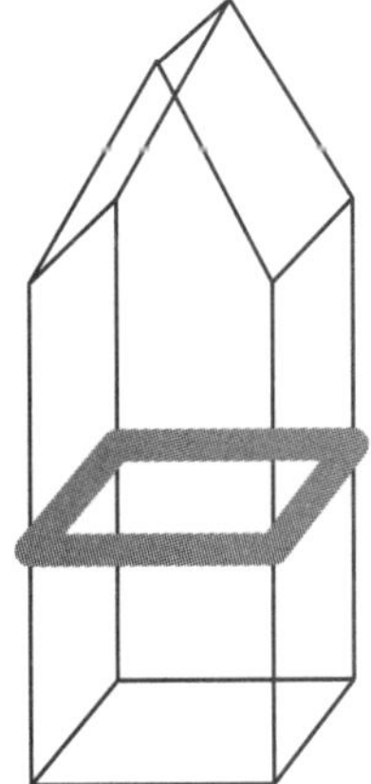

À l'adolescence, il faut prendre quotidiennement 4 portions de lait de 250 ml chacune.

A. Dans ce cas, combien de jours chacun des contenants suivants durera-t-il ?

2 L

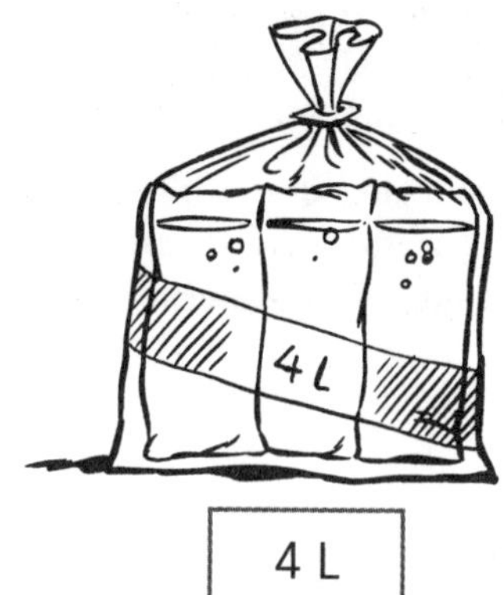

4 L

Traces de ta démarche	
Réponses :	**Le contenant de 2 L durera ________ jours.**
	Le contenant de 4 L durera ________ jours.

B. Combien de verres de 300 ml y a-t-il au total dans les deux contenants illustrés en A ?

Traces de ta démarche
Réponse : ________ verres

Zigzag

Livres

Les livres sont des feuilles de textes et d'images réunies en un volume. Au Moyen Âge, les moines écrivaient les livres à la main et les ornaient de dessins qu'on appelait des enluminures. Au XVe siècle, Gutenberg inventa l'imprimerie. Cette invention a permis de reproduire des livres en grand nombre afin de les rendre accessibles à tous.

1 C

L'illustration ci-contre représente une page d'un livre. Les régions en blanc indiquent l'espace où il y a du texte et celles en gris, l'espace où il y a des dessins.

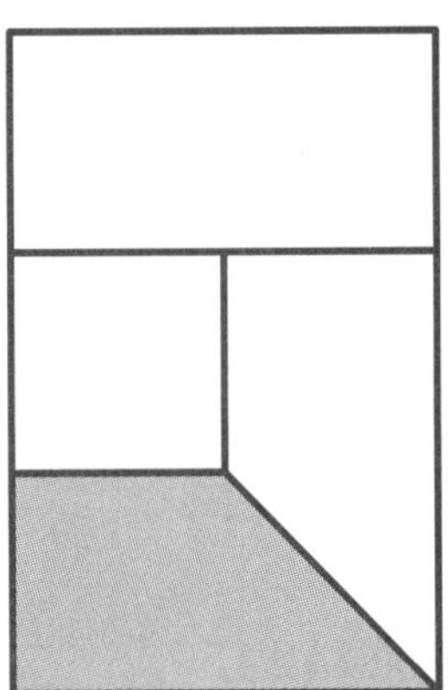

A. Quelle fraction de cette page le texte occupe-t-il ?

____

B. Quelle fraction de cette page les dessins occupent-ils ?

____

2 R

Marie-Philippe achète 3 livres aux prix suivants (taxes incluses) :

14,27 $, 10,09 $ et 15,63 $.

Jonathan achète seulement 1 livre qui lui coûte, taxes incluses, 2,50 $ de plus que l'ensemble des livres de Marie-Philippe.

Combien coûte le livre que Jonathan achète ?

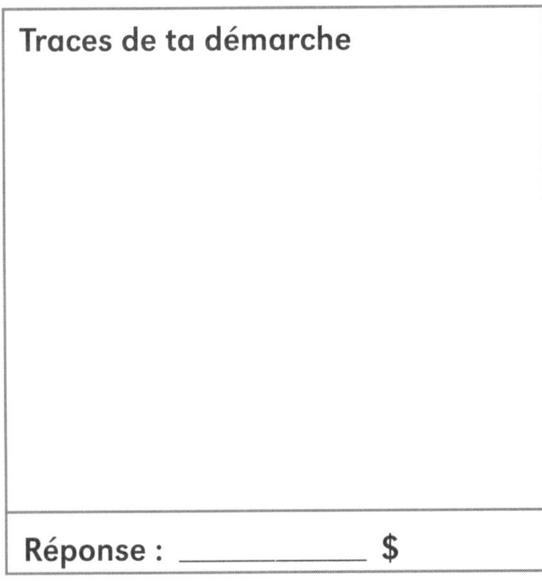

Traces de ta démarche

Réponse : ___________ $

3 R

Louis Braille (1809–1852) perdit la vue à l'âge de 3 ans en se blessant avec des outils.

En 1829, il inventa un système d'écriture à l'intention des non voyants.

Depuis combien d'années Louis Braille était-il aveugle lorsqu'il inventa son système d'écriture ?

Traces de ta démarche

Réponse : ___________ années

L Lexi-Math

Voici quelques termes mathématiques qui commencent par la lettre L.

- Donne d'autres exemples pour certains termes.
- Note d'autres termes mathématiques qui commencent par cette lettre.

Ligne

Trait continu d'une certaine longueur. Il existe différentes sortes de lignes.

Exemple : ligne simple,
ligne non simple,
ligne ouverte,
ligne fermée, ligne droite,
etc.

Autres exemples :

Litre

Unité de mesure qui correspond à 1000 ml et dont le **symbole** est « **l** » ou « **L** ».

Losange

Quadrilatère qui possède **4 côtés** de **même longueur.**

Exemple : Le polygone ci-dessous est un losange.

Autres exemples :

Autres termes

Monnaie

La monnaie d'un pays est composée de pièces de métal et de billets de papier. La monnaie est fabriquée par le gouvernement du pays. Elle sert à payer différents services ou biens. Chaque pays fabrique sa propre monnaie.

1 R Combien de pièces de 0,05 $, de 0,10 $ et de 0,25 $ faut-il pour totaliser la somme de 3,00 $?

Trouve 2 réponses différentes.

Traces de tes démarches		
Réponses : _____ pièces de 0,05 $	_____ pièces de 0,10 $	_____ pièces de 0,25 $
_____ pièces de 0,05 $	_____ pièces de 0,10 $	_____ pièces de 0,25 $

2 R Antoine achète 2 objets dans une boutique. Il paie avec 4 billets de 20,00 $. La caissière lui remet 4,27 $.

A. Combien d'argent chacun de ces objets peut-il avoir coûté, taxes incluses?

Traces de ta démarche
Réponse : ___________ $ et ___________ $

B. Quelles pièces de monnaie la caissière peut-elle avoir remis à Antoine?

Trouve 3 réponses différentes.

Traces de ta démarche		
Réponses :		

Multiplication

La multiplication est une opération mathématique. Le produit d'un nombre multiplié par 0 est toujours 0. Le produit d'un nombre multiplié par 1 est toujours le nombre multiplié. La multiplication est commutative, c'est-à-dire que même si on change les facteurs de place, le produit est le même (3 × 2 = 2 × 3). Il y a longtemps, on employait le terme « gunana » pour désigner la multiplication. Le symbole « × » a été introduit en 1623 par un mathématicien anglais.

1 Calcule mentalement le produit de chaque multiplication.

A	42 × 5 =	B	15 × 7 =	C	80 × 9 =	D	56 × 10 =
E	14 × 20 =	F	36 × 3 =	G	29 × 4 =	H	55 × 2 =
I	72 × 4 =	J	65 × 2 =	K	75 × 6 =	L	60 × 30 =

2 Effectue par écrit les multiplications suivantes. Vérifie tes résultats.

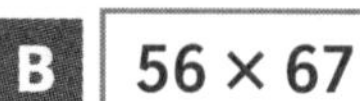

A 246 × 9

Résultat :

B 56 × 67

Résultat :

C 2378 × 8

Résultat :

D 96 × 84

Résultat :

E 809 × 6

Résultat :

F 6304 × 7

Résultat :

3 Écris 10 nombres qui sont des multiples de chacun des nombres suivants.

A	2									
B	3									
C	5									
D	7									
E	9									

4 Écris les nombres qui manquent dans le tableau suivant.

Facteur	Facteur	Produit
86	79	
74		444
	23	782

Calculs

5 Écris 2 additions qui peuvent représenter chacune des multiplications suivantes.

A 5 × 6

B 9 × 8

C 12 × 3

Effectue les multiplications de fractions suivantes.
Écris une addition qui peut représenter chacune de ces multiplications.

A	$6 \times \frac{1}{10} =$		**Addition**	
B	$3 \times \frac{2}{8} =$		**Addition**	
C	$2 \times \frac{5}{12} =$		**Addition**	
D	$4 \times \frac{1}{6} =$		**Addition**	
E	$3 \times \frac{3}{10} =$		**Addition**	
F	$4 \times \frac{2}{9} =$		**Addition**	

Écris la multiplication qui correspond à chacune des notations suivantes.

A	2^3		B	5^2		C	4^5

- Effectue, dans l'ordre, les multiplications suivantes.

	5 × 17	5 × 27	5 × 37	5 × 47	5 × 57	5 × 67	5 × 77
Résultats							

Quelle régularité peux-tu observer dans la suite des résultats obtenus ?

- Effectue, dans l'ordre, les multiplications suivantes.

	15 × 17	15 × 27	15 × 37	15 × 47	15 × 57	15 × 67	15 × 77
Résultats							

Quelle régularité peux-tu observer dans la suite des résultats obtenus ?

Zigzag Musique

La musique est à la fois un art et un language qui combine des sons et des rythmes. Depuis le Moyen Âge, ce langage possède une écriture (les mots de la musique) et des « lois » (le solfège). Il existe plusieurs instruments de musique dont certains remontent à la préhistoire. Notre voix est notre premier instrument de musique.

1 O

Le tableau ci-contre indique la valeur rythmique de certaines figures de notes.

Écris une addition qui permet de trouver la valeur rythmique totale de chacun des ensembles de notes ci-dessous.

Effectue ensuite chaque addition.

Utilise le tableau de fractions ci-contre pour effectuer des additions.

𝅝	𝅗𝅥	𝅘𝅥	𝅘𝅥𝅮
1 temps	$\frac{1}{2}$ temps	$\frac{1}{4}$ temps	$\frac{1}{8}$ temps

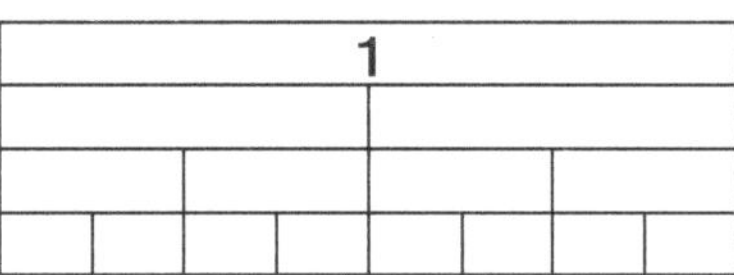

A

Résultat : ______________________

B

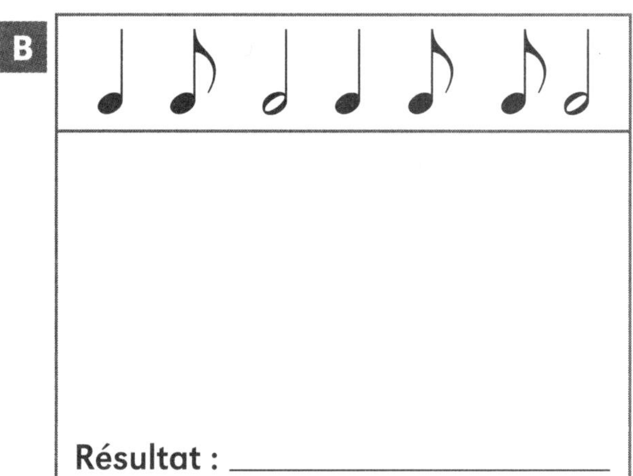

Résultat : ______________________

2 R

Les premiers microsillons faisaient 78 tours à la minute. Ils furent remplacés par les 45 tours, puis par les 33 tours.

Combien de tours les 78 tours faisaient-ils de plus que les 33 tours lorsqu'on écoutait une chanson qui durait 4 minutes ?

Traces de ta démarche

Réponse : ____________ **tours**

M Lexi-Math

Voici quelques termes mathématiques qui commencent par la lettre M.
- Donne d'autres exemples pour ces termes.
- Note d'autres termes mathématiques qui commencent par cette lettre.

Mètre	**Unité de mesure** qui est à la base du système métrique. Le **symbole** de cette unité est « **m** ». **Exemple :** Il y a 1000 m dans 1 km.	**Autres exemples :**
Millier ou Mille	**Un** groupe de **1000 unités** ou **10** groupes de **100** unités ou **100** groupes de **10** unités. **Exemple :** Il y a **13 milliers** dans le nombre **13** 897	**Autres exemples :**
Millilitre	**Unité de mesure** qui correspond à $\frac{1}{1000}$ d'un litre. Le **symbole** de cette unité est **« ml »**. **Exemple :** Il y a 1000 ml dans 1 l.	**Autres exemples :**
Million	**Un** groupe de **1 000 000 unités** ou **10** groupes de **100 000 unités** ou **100** groupes de **10 000 unités** ou **1000** groupes de **1000 unités**. **Exemple :** Il y a **4 millions** dans le nombre **4** 540 600.	**Autres exemples :**
Moyenne (arithmétique)	On obtient la moyenne arithmétique de deux ou plusieurs nombres lorsqu'on **divise** la **somme** de ces nombres par la **quantité** de nombres additionnés. **Exemple :** La moyenne de 14, 24 et 10 s'obtient en effectuant les opérations suivantes : $14 + 24 + 10 = 48$ $48 \div 3 = 16$	**Autres exemples :**

M Lexi-Math

Multiplication

Opération mathématique qui permet, à partir de 2 nombres, d'en obtenir un 3e qui sera le produit de ces deux nombres. Une multiplication peut être représentée par une **addition répétée**. Le résultat d'une multiplication s'appelle un **produit**. Les termes d'une multiplication sont les **facteurs** du produit.
Le signe de la multiplication est « × ».

Exemple : 24 × 10 = 240 (24 et 10 : facteurs ; 240 : produit)

Autres exemples :

Autres termes

Zigzag

Numéros

Les numéros sont des nombres ou des codes qu'on utilise pour indiquer la place d'une chose dans une série. Il y a des numéros de téléphone, des numéros sur les billets de loterie, des numéros sur différentes cartes que l'on utilise et sur beaucoup d'autres choses.

1 Observe les numéros inscrits ci-dessous.

A. Encercle les numéros qui sont des nombres divisibles par 2.

B. Trace un X sur les numéros qui sont des nombres divisibles par 5.

C. Colorie les numéros qui sont des nombres divisibles par 10.

2058	**3659**	**4000**	**1050**	**3265**
972	**5225**	**3201**	**1546**	**2754**
1505	**4083**	**3225**	**735**	**6530**

D. Parmi les numéros inscrits ci-dessus, lesquels sont des nombres divisibles à la fois par 2, par 5 et par 10?

Écris ces numéros.

E. Parmi les numéros inscrits ci-dessus, lesquels sont des nombres divisibles par 3?

Écris ces numéros.

F. De quelle façon peux-tu déterminer qu'un nombre est divisible par 2?

G. De quelle façon peux-tu déterminer qu'un nombre est divisible par 3?

H. De quelle façon peux-tu déterminer qu'un nombre est divisible par 5?

2 C

Écris des numéros dans les cases vides ci-dessous.
Ces numéros doivent être des nombres entre 1000 et 3000, et être divisibles par 2, par 3, par 5 ou par 10.
Ces nombres doivent être différents de ceux inscrits au numéro 1.

Nombres divisibles par 2			
Nombres divisibles par 3			
Nombres divisibles par 5			
Nombres divisibles par 10			

3 C

Écris un numéro qui est un nombre inférieur à 100 dans chacune des régions du diagramme ci-contre.

Écris ces nombres aux bons endroits dans le diagramme.

	Nombre pair	~~Nombre~~ pair
Nombre divisible par 3		
~~Nombre divisible~~ par 3		

Zigzag

C

- Colorie les nombres de la grille ci-contre qui sont des nombres premiers.

1	2	3	4	5	6	7	8	9	10
11	12	13	14	15	16	17	18	19	20
21	22	23	24	25	26	27	28	29	30
31	32	33	34	35	36	37	38	39	40
41	42	43	44	45	46	47	48	49	50

- Comment as-tu procédé pour découvrir ces nombres ?

N Lexi-Math

Voici quelques termes mathématiques qui commencent par la lettre N.
- Donne d'autres exemples pour certains termes.
- Note d'autres termes mathématiques qui commencent par cette lettre.

Nœud

Partie d'un réseau.

Exemple : Il y a 5 nœuds dans le réseau ci-dessous.

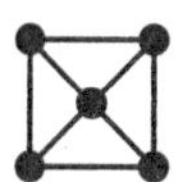

Autres exemples :

Nombre premier

Nombre naturel qui a seulement **2 diviseurs**. Les nombres 0 et 1 ne sont pas des nombres premiers.

Exemple : Le nombre 5 est un nombre premier, car ses diviseurs sont 1 et 5.

Autres exemples :

Numérateur

Terme écrit **sur** la barre de fraction. Il indique le nombre de parties équivalentes du tout qu'il faut considérer.

Exemple : $\frac{1}{4}$ ← numérateur

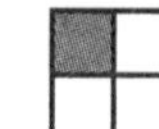

Autres termes

Zigzag

Orages

Les orages sont des perturbations atmosphériques violentes qui s'accompagnent d'éclairs et de tonnerre. On entend le tonnerre quelques secondes après avoir vu l'éclair parce que le son voyage moins vite que la lumière.

1 C

Un éclair consomme autant d'électricité que 20 dizaines de milliers d'ampoules environ. À quelle boîte d'ampoules la consommation d'un éclair correspond-elle parmi celles illustrées ci-dessous?

Trace un X sur cette boîte.

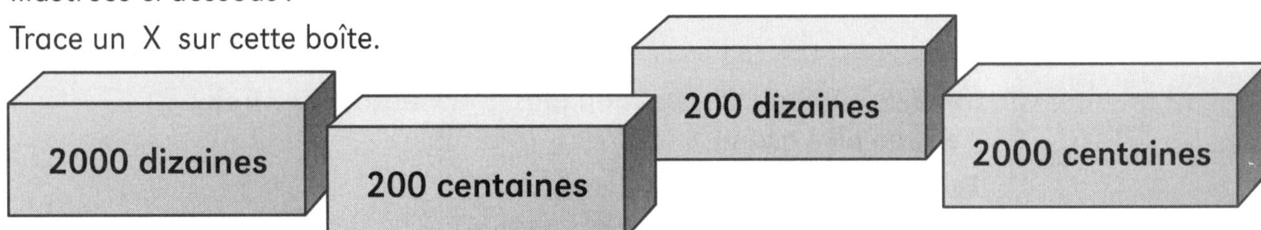

2 R

La lumière se déplace à une vitesse plus grande que le son.
Le son se déplace à une vitesse de 340 m par seconde.
On a calculé 4 secondes entre l'apparition d'un éclair et le son du tonnerre.

À quelle distance, en mètres, se trouvait-on de l'orage?

Traces de ta démarche

Réponse : ____________ **m**

R

- Il y a 80 % des éclairs qui sont inoffensifs, puisqu'ils ne touchent pas la Terre.

  Si au cours d'un orage on a dénombré environ 200 éclairs, combien d'éclairs ont touché la Terre?

  Écris les touches sur lesquelles tu as appuyé et le résultat obtenu.

Réponse : ____________ **éclairs**

O Lexi-Math

Voici quelques termes mathématiques qui commencent par la lettre O.
- Donne d'autres exemples pour ces termes.
- Note d'autres termes mathématiques qui commencent par cette lettre.

Octogone	**Polygone** qui possède **8 côtés**. **Exemple :** Le polygone ci-dessous est un octogone.	**Autres exemples :**
Ordre croissant	Suite de nombres disposés du plus **petit** au plus **grand**. **Exemple :** Les nombres suivants sont disposés en ordre croissant. 356, 879, 2034, 4500	**Autres exemples :**
Ordre décroissant	Suite de nombres disposés du plus **grand** au plus **petit**. **Exemple :** Les nombres suivants sont disposés en ordre croissant. 4500, 2034, 879, 356	**Autres exemples :**
Autres termes		

Zigzag

Papillons

Les papillons sont des insectes pourvus de 4 ailes recouvertes de millions de petites écailles. Il existe plusieurs espèces de papillons, qui se partagent en 2 catégories : les papillons de nuit appelés « nocturnes » et les papillons de jour appelés « diurnes ». On peut observer une multitude de couleurs, de formes et de dessins sur les ailes des papillons.

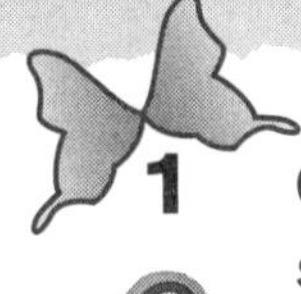

1 C

Observe le trajet d'un papillon représenté sur le plan ci-contre.

Le nœud de couleur bleue indique le point de départ et celui de couleur brune le point d'arrivée.

Décris ce trajet en utilisant des termes géométriques.

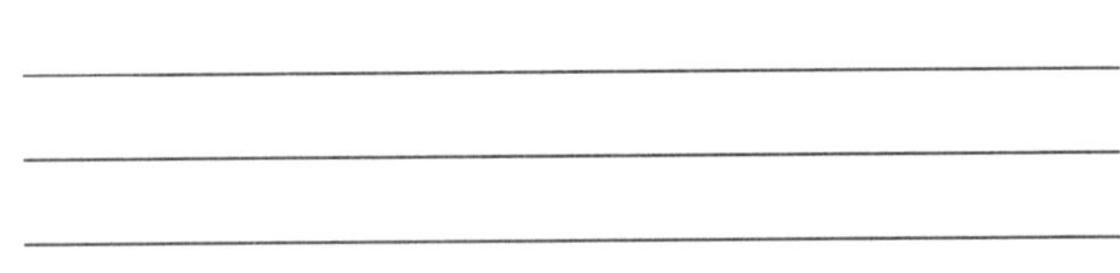

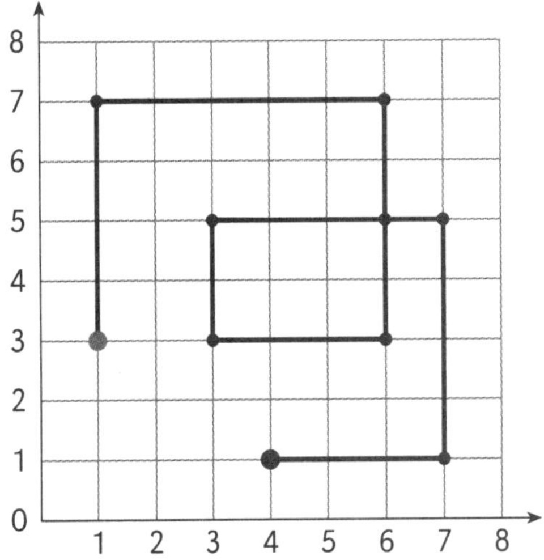

2 O C

Transpose le trajet représenté au numéro 1 sur le quadrillage ci-dessous.
Indique les ressemblances et les différences entre la représentation du numéro 1 et celle-ci.

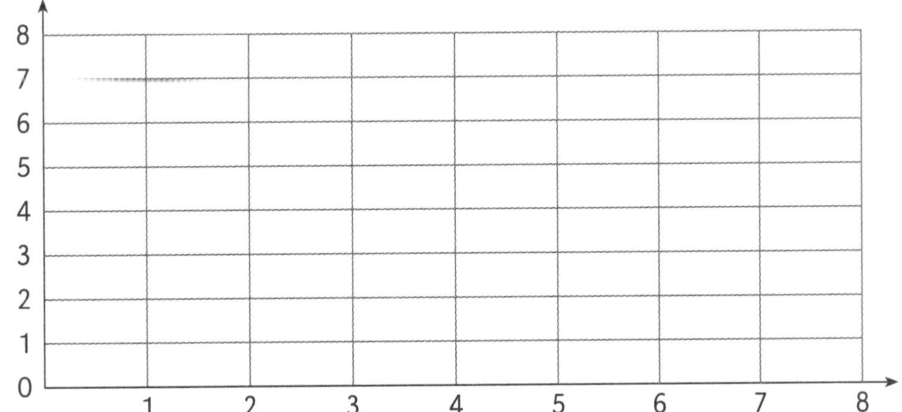

Ressemblances :	**Différences :**

Zigzag

Paquebots

Les paquebots sont de grands navires aménagés pour le transport des passagers. Un des plus célèbres paquebots est le « Titanic » qui a fait naufrage près de Terre-Neuve dans la nuit du 14 au 15 avril 1912. Il était entré en collision avec un immense iceberg. Plus de 1500 personnes sont mortes lors de ce naufrage.

1 R

Le paquebot « Norway », anciennement appelé le « France », sillonne les mers du Sud.

Il est le plus long paquebot du monde.

Il peut accueillir 2022 passagers et 900 membres d'équipage.

On y trouve des salles à manger réservées aux passagers. S'il y a des tables pour 2, 4 ou 5 personnes, combien de tables de chaque sorte peut-il y avoir?

Traces de ta démarche

Réponse : ____________ **tables pour 2 personnes**

____________ **tables pour 4 personnes**

____________ **tables pour 5 personnes**

2 R

Le paquebot « Norway » part pour une croisière de 4 jours.
Si le cuisinier prévoit servir, pour chaque déjeuner, 2 œufs à chaque personne sur le bateau, combien de douzaines d'œufs doit-il emporter?

Traces de ta démarche

Réponse : ____________ **douzaines**

Zigzag Poissons

Les poissons sont des animaux vertébrés aquatiques. Ils respirent par des branchies et possèdent des nageoires. Il existe environ 20 000 espèces de poissons dans le monde. Au Québec, on en compte environ 199 espèces. Les poissons suscitent l'intérêt de plusieurs personnes. Par exemple, il y a des personnes qui gardent des poissons chez elles dans des aquariums et d'autres en font leur sport préféré, la pêche.

La formule suivante permet de calculer combien de litres d'eau il faut mettre dans un aquarium : **2 litres d'eau par centimètre de longueur de poisson.**

Combien de litres d'eau faut-il mettre dans un aquarium qui contient les 3 poissons illustrés ci-dessous ?

Traces de ta démarche

Réponse : __________ litres

Il ne faut pas remplacer toute l'eau d'un aquarium en une seule fois.

Il faut en remplacer seulement 20 % tous les 15 jours.

Combien de litres d'eau faut-il remplacer tous les 15 jours dans un aquarium qui contient les poissons illustrés au numéro 1 ?

Traces de ta démarche

Réponse : __________ litres

Zigzag

Polygones

Les polygones sont des figures géométriques délimitées par une ligne simple, brisée et fermée. Les polygones sont donc formés de segments de droite. Ils peuvent être convexes ou non convexes. Les quadrilatères sont des polygones qui ont 4 côtés.

1 Trace des lignes à l'intérieur du rectangle ci-dessous de manière à obtenir tous les polygones suivants.

R

- **A** ▪ **Un parallélogramme**
- **B** ▪ **Un carré**
- **C** ▪ **Un trapèze**
- **D** ▪ **Un rectangle**
- **E** ▪ **Un triangle**

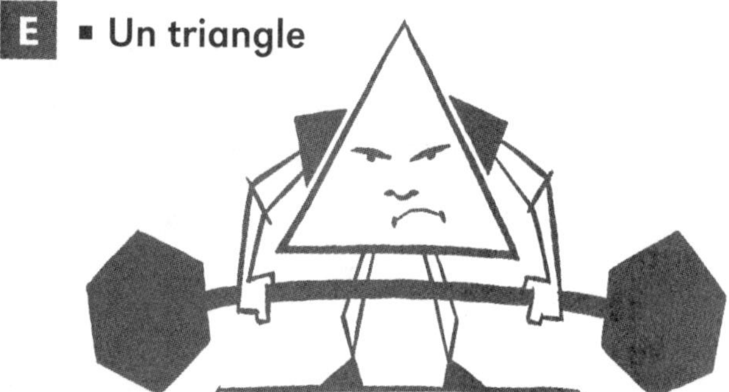

2 Chaque carré à l'intérieur du rectangle du numéro 1 a une aire de 1 cm^2. Quelle est l'aire, en centimètres carrés, de chacun des polygones tracés au numéro 1 ?

R

A	**Parallélogramme**	
B	**Carré**	
C	**Trapèze**	
D	**Rectangle**	
E	**Triangle**	

3 Quel est le périmètre de chacun des polygones suivants tracés au numéro 1 ?

B	**Carré**	
D	**Rectangle**	

4 O

Transpose les polygones tracés au numéro 1 sur le quadrillage ci-dessous.

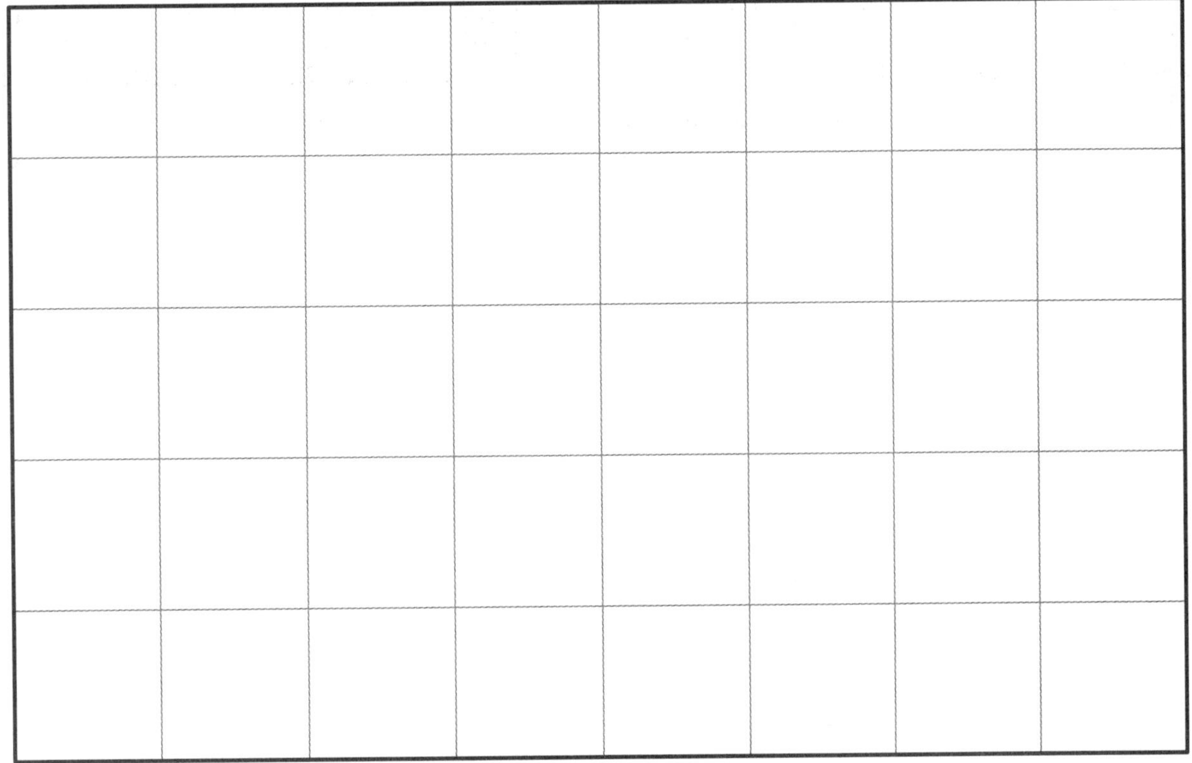

5 R

Chaque carré du quadrillage du numéro 4 a une aire de 4 cm^2.
Quelle est l'aire, en centimètres carrés, de chacun des polygones tracés au numéro 4?

A	**Parallélogramme**	
B	**Carré**	
C	**Trapèze**	
D	**Rectangle**	
E	**Triangle**	

6 C

Classe les polygones tracés au numéro 4 dans le diagramme ci-contre.
Écris les lettres correspondantes aux endroits appropriés.

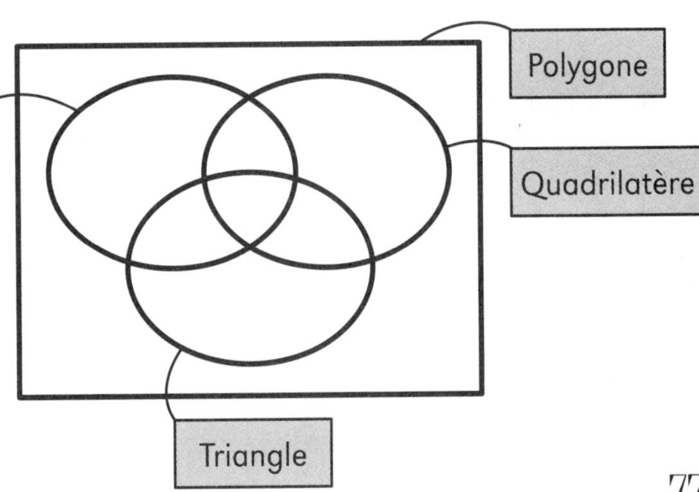

P Lexi-Math

Voici quelques termes mathématiques qui commencent par la lettre P.
- Donne d'autres exemples pour certains termes.
- Note d'autres termes mathématiques qui commencent par cette lettre.

Pair

Se dit d'un nombre entier qui est **divisible par 2** ou qui possède le chiffre **0, 2, 4, 6** ou **8** à la position des **unités**.

Exemple : Le nombre 4560 est un nombre pair.

Autres exemples :

Parallélogramme

Quadrilatère qui possède des **côtés** qui sont **parallèles** deux à deux.

Exemple : Le polygone ci-dessous est un parallélogramme.

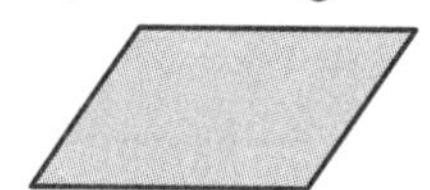

Autres exemples :

Pentagone

Polygone qui possède **5 côtés**.

Exemple :
Le polygone ci-contre est un pentagone.

Autres exemples :

Périmètre

Longueur de la **frontière** d'un polygone.

Exemple : Le périmètre d'un carré dont les côtés ont une longueur de 2 cm est de 8 cm, puisque $2 + 2 + 2 + 2 = 8$.

Autres exemples :

Polyèdre

Solide dont toutes les **faces** sont des **polygones**.

Exemple : Les solides illustrés ci-dessous sont des polyèdres.

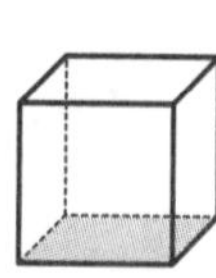

Cube

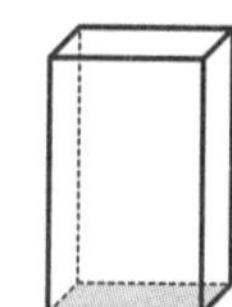

Prisme à base rectangulaire

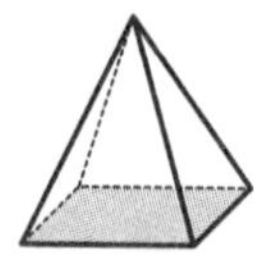

Pyramide à base carrée

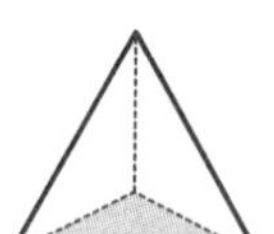

Pyramide à base triangulaire

P Lexi-Math

Polygone

Figure géométrique délimitée par une ligne simple, brisée et fermée. Les polygones sont formés de segments de droite. On peut les classer de la façon suivante : polygones **convexes** ou polygones **non convexes**.

Exemple : Les figures géométriques ci-dessous sont des polygones.

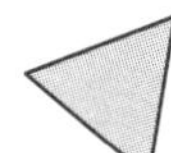  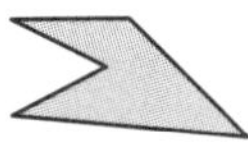 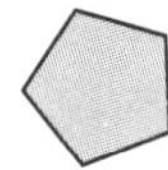

Autres exemples :

Autres termes

Zigzag

Quilles

Les quilles sont les pièces d'un jeu appelé « jeu de quilles ». Elles sont posées sur le sol et l'on doit les renverser avec une boule. Elles existent en deux formats : les « petites » et les « grosses » quilles. Ce jeu se pratique dans un endroit où l'on retrouve plusieurs allées.

1 La position des cercles ci-contre représente celle des quilles avant un lancer.

Écris les nombres de 1 à 7 aux endroits appropriés.

La somme de chaque alignement de 4 cercles est 23.

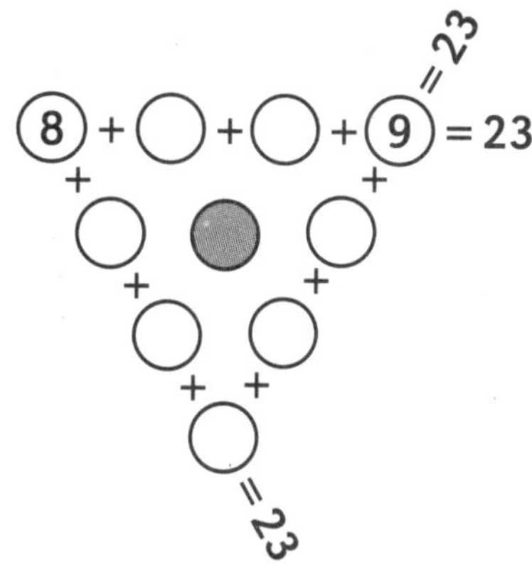

Q Lexi-Math

Voici un terme mathématique qui commence par la lettre Q.

- Donne d'autres exemples pour ce terme.
- Note d'autres termes mathématiques qui commencent par cette lettre.

Quadrilatère	**Polygone** qui possède **4 côtés**. **Exemple :** Le polygone ci-dessous est un quadrilatère. 	**Autres exemples :**
Autres termes		

Zigzag

Requins

Les requins sont des poissons qui vivent dans les océans. Il existe environ 375 espèces de requins et certaines espèces, comme le requin-baleine, peuvent atteindre plus de 18 m de longueur. Les dents des requins poussent en permanence. Durant sa vie, un requin peut utiliser plus de 20 000 dents.

1 R

Dans un grand aquarium, on peut observer un requin ayant une longueur de 3 m.

A. Trace, sur le quadrillage ci-dessous, une ligne dont la longueur est égale à 5 % de la longueur totale de ce requin.

Traces de ta démarche

B. Combien de fois faudrait-il mettre cette longueur bout à bout pour atteindre la longueur réelle de ce requin ?

Traces de ta démarche

Réponse : ______ **fois**

R Lexi-Math

Voici quelques termes mathématiques qui commencent par la lettre R.
- Donne d'autres exemples pour ces termes.
- Note d'autres termes mathématiques qui commencent par cette lettre.

Rectangle	**Quadrilatère** qui possède **4 angles droits**. **Exemple :** Le polygone ci-contre est un rectangle.	**Autres exemples :**
Régularité	**Suite** de nombres ou de figures dans laquelle les éléments respectent une **règle**. En découvrant cette règle, on peut prolonger la suite. **Exemple :** La règle de la suite ci-dessous est + 3, − 1. 2, 5, 4, 7, 6, 9, 8, ...	**Autres exemples :**
Rotation	**Transformation géométrique** qui consiste à obtenir l'image d'une figure en **tournant**, à partir d'un point fixe appelé centre de rotation, tous les points de cette figure selon un sens et une fraction de tour ou un angle donnés. **Exemple :** centre de rotation rotation de 90° ou de $\frac{1}{4}$ de tour vers la droite	**Autres exemples :**
Autres termes		

Zigzag

Singes

Les singes sont des mammifères primates. Ils ont la face dépourvue de poils, et leurs mains et leurs pieds se terminent par des ongles. Les singes sont très agiles. Ils peuvent manipuler différents objets grâce à leurs mains et leurs pieds qui sont préhensibles. L'un des plus grands singes est le gorille des plaines, et l'un des plus petits est le ouistiti.

1 R

Dans un zoo, on peut observer un gorille, un chimpanzé et un ouistiti.
Trouve la masse de chacun de ces singes à partir des indices suivants.

La masse du chimpanzé est 450 fois plus grande que celle du ouistiti.
La masse du gorille est 4 fois plus grande que celle du chimpanzé.
La masse du ouistiti est équivalente à $\frac{1}{10}$ de un kilogramme.

Traces de ta démarche

Réponse : gorille : ____________ **chimpanzé :** ____________ **ouistiti :** ____________

2 O

Dans ce zoo, le plancher d'une des cages pour les singes mesure 7 m de longueur et 5 m de largeur.
Quelle est l'aire du plancher de cette cage?

Réponse : ____________________

3 O

Une autre cage a un périmètre 2 fois plus grand que celui de la cage décrite au numéro 2.
Quel est le périmètre de cette autre cage?

Réponse : ____________________

Zigzag

Soustraction

La soustraction est une opération mathématique qui permet de trouver la différence entre deux termes. Vers 1489, un mathématicien allemand introduisit le signe « – » afin de remplacer la lettre « m » qui était utilisée jusque-là pour exprimer une soustraction. On peut effectuer une soustraction mentalement ou par écrit. Il y a très longtemps, on utilisait des cailloux, des jetons ou un boulier pour effectuer cette opération.

1 Calcule mentalement la différence de chaque soustraction.

A	500 – 175 =	B	625 – 250 =
C	670 – 240 =	D	700 – 480 =
E	895 – 405 =	F	537 – 167 =
G	763 – 324 =	H	348 – 82 =
I	514 – 92 =	J	601 – 152 =

2 Effectue par écrit les soustractions suivantes. Vérifie tes résultats.

A 20 304 – 9826

Résultat :

B 8625 – 879

Résultat :

C 48 651 – 17 893

Résultat :

D 50 700 – 32 806

Résultat :

3 Tu dois découvrir un code secret.

Dans la grille ci-dessous, encercle toutes les paires de nombres qui ont une différence de 218.

Exemple : (681) (463)

Les 3 nombres qui ne seront pas encerclés forment le code à découvrir.

437	427	405	903	685	484	428
209	667	547	345	329	912	675
563	690	219	266	187	286	694
426	463	756	714	514	208	538
681	472	196	414	732	504	893

Calculs

Réponse : ____________ , ____________ , ____________

4 Calcule mentalement la différence de chaque soustraction.

A $\frac{6}{8} - \frac{2}{8} =$

B $\frac{7}{10} - \frac{5}{10} =$

C $\frac{8}{9} - \frac{3}{9} =$

D $\frac{5}{6} - \frac{1}{6} =$

5 Effectue les soustractions ci-dessous.
Utilise le tableau de fractions ci-contre pour t'aider.

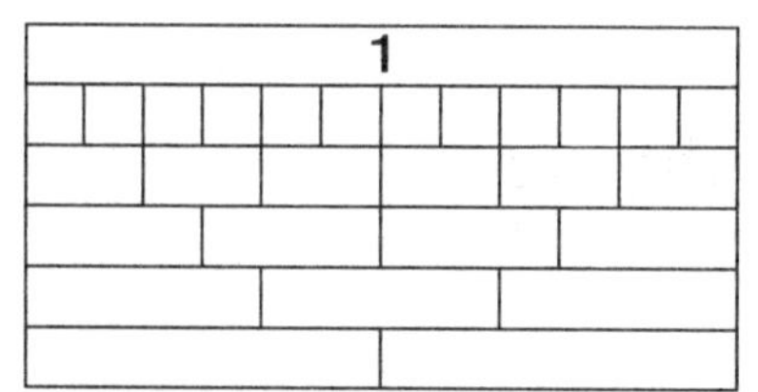

A $\frac{1}{2} - \frac{1}{12} =$

B $\frac{5}{6} - \frac{1}{3} =$

C $\frac{3}{4} - \frac{4}{12} =$

D $\frac{3}{4} - \frac{1}{2} =$

6 Écris 6 soustractions différentes dont le résultat est 48,69.
Utilise seulement des nombres à virgule comme termes dans ces soustractions.

A

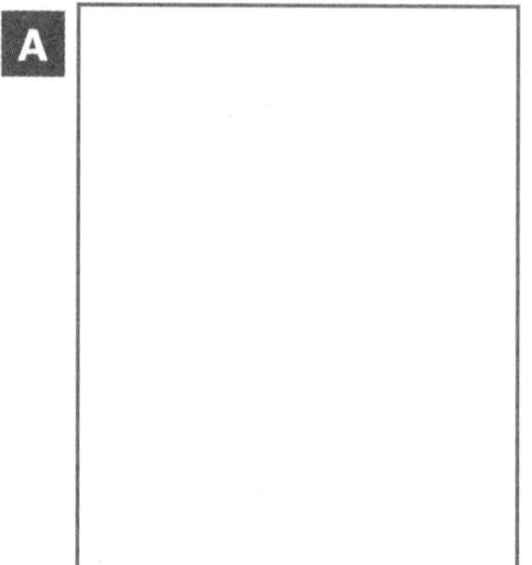

B

C

D

E

F

S Lexi-Math

Voici quelques termes mathématiques qui commencent par la lettre S.

- Donne d'autres exemples pour certains termes.
- Note d'autres termes mathématiques qui commencent par cette lettre.

Scalène

Propriété d'un **triangle** qui possède 3 côtés de **différentes longueurs**.

Exemple : Le polygone ci-dessous est un triangle scalène.

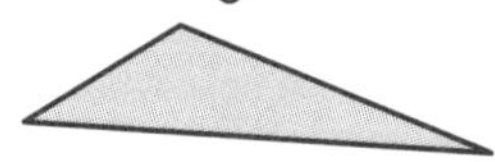

Autres exemples :

Segment de droite

Droite comprise entre **deux points**.

Exemple : Dans le quadrilatère ci-dessous, les côtés AB, BC, CD et DA sont des segments de droite.

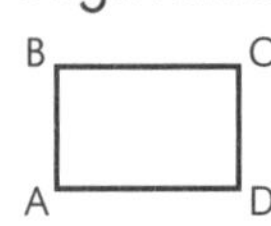

Autres exemples :

Solide

Portion de volume limitée par une surface rigide et fermée. Il y a 2 groupes de solides : les **corps ronds** et les **polyèdres**. La surface des polyèdres peut être mise à plat, à partir de certains découpages, le long d'arêtes. La figure ainsi obtenue s'appelle le développement du solide.

Sommet

Endroit où se rencontrent **au moins 3 faces** dans un **polyèdre**.
Endroit où se rencontrent **2 côtés consécutifs** dans un **polygone**.

Exemple :

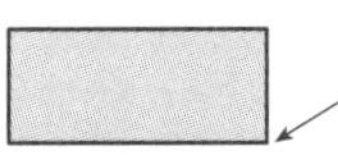

sommets

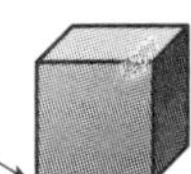

Autres exemples :

S Lexi-Math

Soustraction

Opération mathématique qui permet, à partir de 2 nombres, d'en obtenir un 3e qui sera la différence entre ces nombres. La soustraction est l'opération inverse de l'addition.
Le **résultat** d'une soustraction se nomme la « **différence** ».
Le **signe** de la soustraction est « **−** ».

Exemple : 4034 − 2356 = 1678

termes (4034, 2356) — différence (1678)

Autres exemples :

Autres termes

Zigzag

Tapis

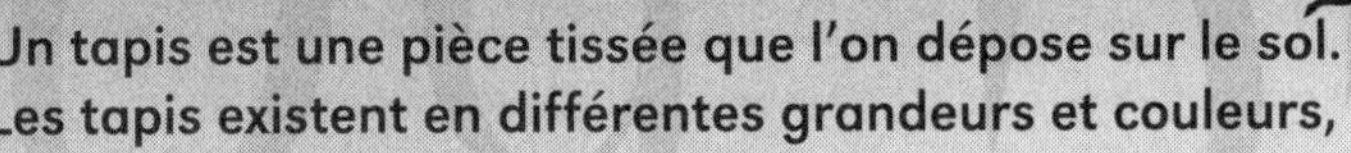

Un tapis est une pièce tissée que l'on dépose sur le sol. Les tapis existent en différentes grandeurs et couleurs,

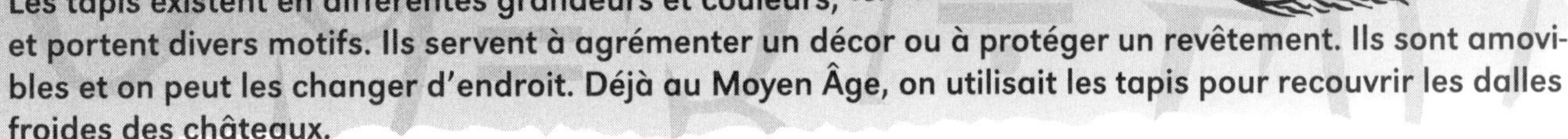

et portent divers motifs. Ils servent à agrémenter un décor ou à protéger un revêtement. Ils sont amovibles et on peut les changer d'endroit. Déjà au Moyen Âge, on utilisait les tapis pour recouvrir les dalles froides des châteaux.

1 Observe les polygones à l'intérieur des tapis illustrés sur le quadrillage ci-dessous.

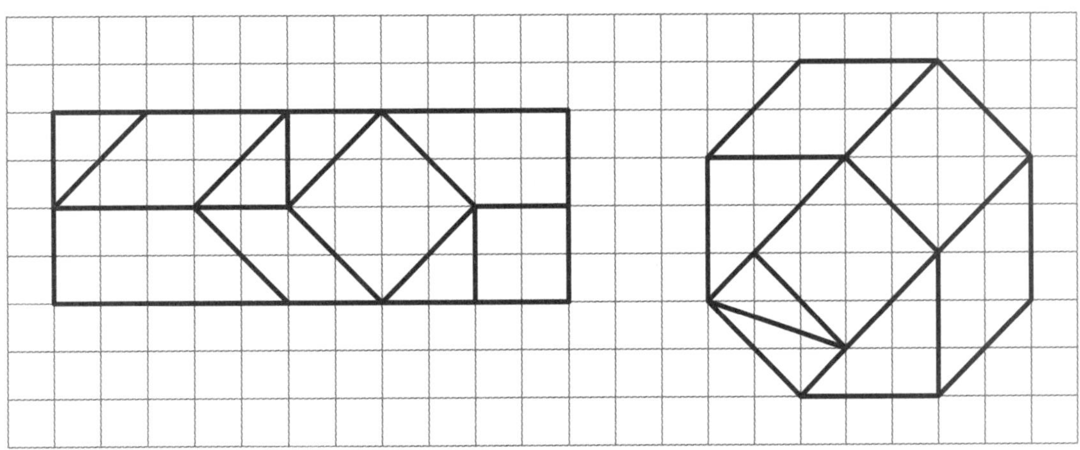

Complète le texte ci-dessous en choisissant des mots parmi les suivants.
Tu peux utiliser le même mot plus d'une fois.

plus	**quadrilatère**	**rectangle**	**parallélogrammes**
moins	**convexe**	**triangles**	**pentagone**
autant	**gauche**	**losanges**	**hexagone**
droite	**carrés**	**trapèzes**	**octogone**

Il y a ____________________ de ____________________ , de ____________________
et de ____________________ à l'intérieur de ces deux tapis. Cependant, il y a
2 ____________________ dans le tapis de ____________________ et aucun dans celui
de ____________________ .
La forme du tapis de ____________________ ressemble à un ____________________ et
celle du tapis de ____________________ à un ____________________ .

L'aire du tapis de ____________________ est ____________________ grande que celle
du tapis de ____________________ .

Zigzag

Trains

Les trains sont des convois ferroviaires. Ils sont constitués d'un ou de plusieurs véhicules remorqués par une locomotive. Il existe des trains de marchandises et des trains de passagers. La première locomotive à vapeur commença à circuler en 1804. Elle pouvait atteindre une vitesse de 20 km/h sans aucune charge. Aujourd'hui, les trains à grande vitesse peuvent atteindre 300 km/h avec tous leurs passagers à bord.

1 Un train de passagers part de la gare de Québec pour se rendre à Toronto. Il fait des arrêts en cours de route.

R Le tableau ci-dessous indique le nombre de personnes qui sont montées à bord au cours du trajet et celles qui sont descendues.

	Québec	Drummondville	Montréal	Ottawa	Kingston
Nombre de personnes montées à bord	59	23	36	65	12
Nombre de personnes descendues		8	47	34	17

Combien de personnes sont descendues à Toronto ?

Traces de ta démarche

Réponse : ____________ **personnes**

T Lexi-Math

Voici quelques termes mathématiques qui commencent par la lettre T.

- Donne d'autres exemples pour ces termes.
- Note d'autres termes mathématiques qui commencent par cette lettre.

Translation

Transformation géométrique qui consiste à obtenir l'image d'une figure en la **glissant** selon un sens, une direction et une longueur donnés.

Exemple : L'image de la figure de droite ci-dessous a été obtenue en effectuant une translation de 7 carrés vers la gauche.

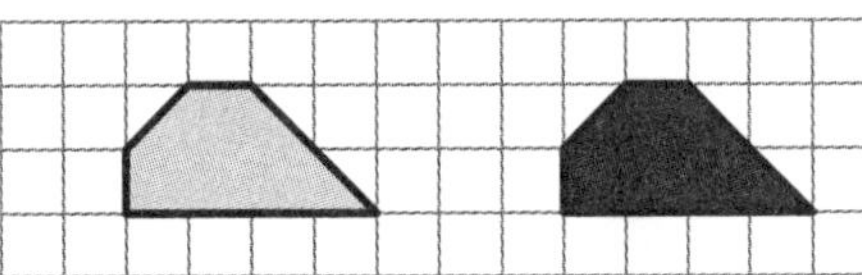

Autres exemples :

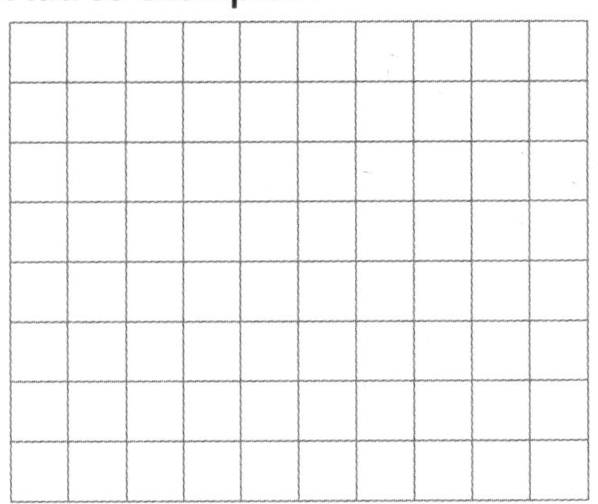

Trapèze

Quadrilatère qui possède **2 côtés parallèles entre eux**.

Exemple :
Le polygone ci-contre est un trapèze.

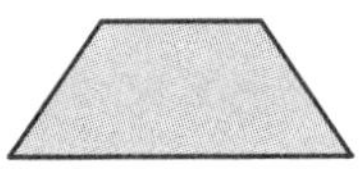

Autres exemples :

Triangle

Polygone qui possède **3 côtés**. On peut classer les triangles de la façon suivante : triangle rectangle, triangle équilatéral, triangle isocèle et triangle scalène, ou quelconque.

Exemple :
Le polygone ci-contre est un triangle rectangle.

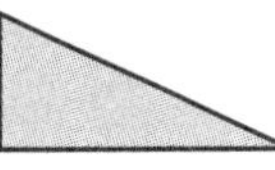

Autres exemples :

Autres termes

Villes

Les villes sont des agglomérations d'habitants relativement importantes. On trouve dans les villes différents édifices comme les gratte-ciel. Ces édifices possèdent plusieurs étages et ont une hauteur très élevée. Par exemple, la tour du CN à Toronto a une hauteur de 553 m.

1 Les maquettes d'édifices illustrées ci-dessous ont été construites avec des cubes de 1 cm^3. Celle de gauche possède un espace vide au centre.
Quel est le volume, en centimètres cubes, de chacune de ces maquettes ?

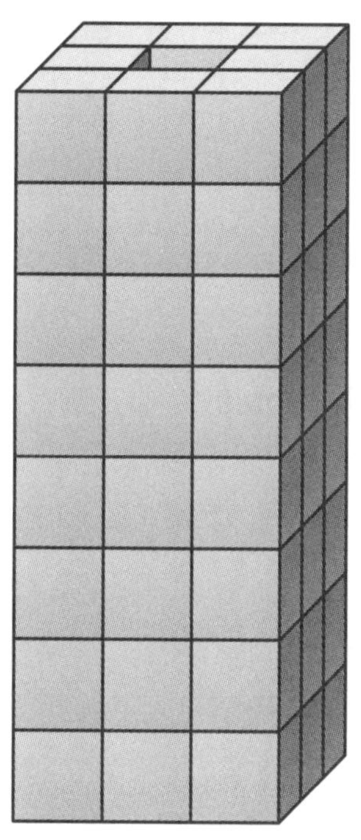

Réponse : ____________

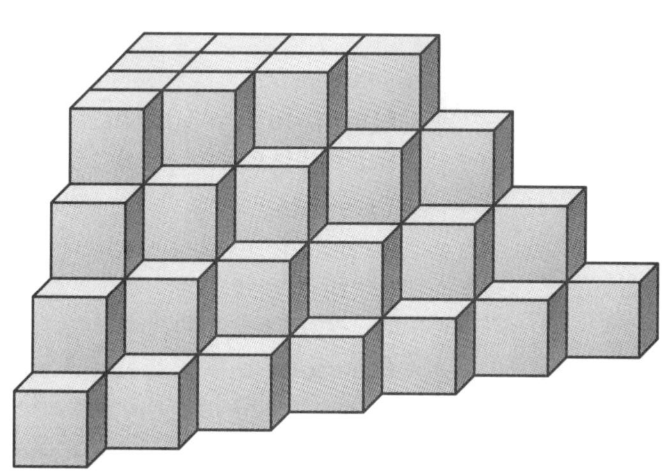

Réponse : ____________

2

A. Combien de cubes faudrait-il ajouter pour remplir l'espace au centre de la maquette de gauche?

O

Réponse : ______________________ **cubes**

B. Quel serait alors le volume, en centimètres cubes, de cette maquette?

Réponse : ______________________ $\mathbf{cm^3}$

3

Combien de cubes de 4 cm^3 faut-il utiliser pour obtenir un volume 2 fois plus grand que celui de la maquette de droite?

R

Traces de ta démarche

Réponse : ____________ **cubes de 4** $\mathbf{cm^3}$

Zigzag

- L'édifice du World Trade Center à New York reçoit 90 000 visiteurs chaque jour.
  Combien de personnes visitent cet édifice durant une année?
  Sur quelles touches as-tu appuyé?
  Quelle réponse obtiens-tu?

O

Réponse : ____________ **visiteurs**

V Lexi-Math

Voici quelques termes mathématiques qui commencent par la lettre V.
- Donne d'autres exemples pour ces termes.
- Note d'autres termes mathématiques qui commencent par cette lettre.

Valeur de position

Valeur de chaque **chiffre** dans un **nombre** selon la **position** qu'il occupe.

Exemple : Les chiffres 3 dans le nombre 333 333 ont une valeur différente selon leur position.

CM	DM	UM	C	D	U
3	3	3	3	3	3

Autres exemples :

Volume

Mesure de la **portion d'espace** qu'occupe un **solide**, à l'aide d'une unité. Cette mesure comporte un **nombre** et l'**unité** utilisée. Les unités sont habituellement des cubes ayant les volumes suivants : 1 cm^3, 1 dm^3, 1 m^3.

Exemple : Le solide ci-dessous a un volume de 6 cm^3 si les cubes-unités ont un volume de 1 cm^3.

Autres exemples :

Autres termes

Zigzag Zoo

Un zoo est un lieu où l'on garde des animaux en captivité. Il permet d'accueillir des personnes qui viennent observer et découvrir différentes espèces d'animaux exotiques ou rares. Il existe des zoos où les animaux sont en liberté tandis que les visiteurs sont placés à l'intérieur de cages.

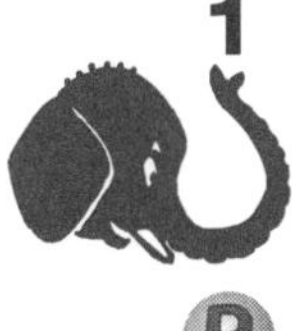

1 Écris les nombres qui manquent dans le texte ci-dessous.
Utilise des nombres différents qui sont des diviseurs de 24 et de 36.

R

Les responsables de la section des éléphants dans un zoo doivent faire le tour des enclos ____________________ fois par jour. Chaque fois, ils doivent parcourir ____________________ km, ce qui leur fait un total de ____________________ km par jour.

2 Un œuf d'autruche pèse autant que 2 douzaines d'œufs de poule.
Si un œuf de poule pèse 71 g, quelle est la masse, en grammes, d'un œuf d'autruche?

R

Traces de ta démarche

Réponse : ____________

3 Il faut cuire un œuf d'autruche 40 minutes pour en faire un œuf à la coque.
Il faut 8 fois moins de temps pour faire d'un œuf de poule un œuf à la coque.
Pendant combien de minutes faut-il faire cuire 3 œufs de poule pour en faire des œufs à la coque?

R

Traces de ta démarche

Réponse : ____________ **minutes**

Bibliographie

- *Liste de la faune vertébrée du Québec,* Les Publications du Québec, 1995.
- *La faune du Québec et son habitat,* Les Publications du Québec, 1988.
- PRESCOTT J., RICHARD P., *Mammifères du Québec et de l'Est du Canada,* Éditions Michel Quintin, 1996.
- *Où ? Quand ? Comment ?,* Éditions Tormont inc. 1997.
- *L'eau,* collection « Flash Info », Éditions École Active, 1997.
- *Guiness des records,* Guiness Média, 1997.
- *Encyclopédie du monde animal,* Sélection du Reader's Digest, 1989.
- MATHIEU P., DE CHAMPLAIN D., TESSIER H., *Petit lexique mathématique,* Les Éditions du Triangle d'Or inc. 1990.
- BARUK Stella, *Dictionnaire de mathématique élémentaire,* Seuil, 1992.
- *Le Petit Larousse illustré 1998,* Larousse, 1998.
- FOREY P., FITZSIMONS C., *Les insectes,* Gründ, 1992.
- LAJOIE M., FOISY A., *Les insectes,* Les Publications du Québec, 1990.
- *Master Junior,* Hachette, 1992.
- *Master Cadet,* Hachette, 1993.
- IFRAH Georges, *Histoire universelle des chiffres,* Bouquins, 1994.
- *Le livre mondial des inventions 97,* Cie 12, 1997.
- *Les abeilles,* collection « Les merveilles du monde animal », Bordas jeunesse, 1993.